职业教育校企合作"互联网+"新形态教材

电工基本技能

主　编　王春梅　王　江
副主编　许可祎　秦　浩
参　编　李　磊　宝馨宇　岳　朗　孙冬梅
　　　　李　焱　陈红星　张梦春

机械工业出版社

本书依据电工国家职业技能标准编写，全书由 6 个项目，共 24 个任务组成，包括安全用电常识及电气火灾急救、常用电工工具与仪表操作技能、电工基本操作工艺训练、常用照明电路的安装、常用低压电器的拆装和三相异步电动机控制电路的安装与调试。

本书不仅适合作为中等职业学校机电技术应用专业及相关专业的实训教材，同时也适合作为电工专业维修人员的岗位培训教材或自学用书。

为方便教学，本书配套视频（以二维码形式穿插于书中）、PPT 课件等资源，凡选用本书作为授课教材的教师可登录机械工业出版社教育服务网（www.cmpedu.com），注册后免费下载。

图书在版编目（CIP）数据

电工基本技能 / 王春梅，王江主编 . -- 北京：机械工业出版社，2025.3. -- ISBN 978-7-111-77780-9

Ⅰ.TM

中国国家版本馆 CIP 数据核字第 2025S2S152 号

机械工业出版社（北京市百万庄大街 22 号　邮政编码 100037）
策划编辑：王　宁　　　　　责任编辑：王　宁
责任校对：韩佳欣　牟丽英　　封面设计：马精明
责任印制：常天培
北京机工印刷厂有限公司印刷
2025 年 3 月第 1 版第 1 次印刷
184mm×260mm・8.5 印张・204 千字
标准书号：ISBN 978-7-111-77780-9
定价：28.80 元

电话服务　　　　　　　　　　网络服务
客服电话：010-88361066　　机　工　官　网：www.cmpbook.com
　　　　　010-88379833　　机　工　官　博：weibo.com/cmp1952
　　　　　010-68326294　　金　书　　网：www.golden-book.com
封底无防伪标均为盗版　　机工教育服务网：www.cmpedu.com

编审委员会

主　　　任：陆　瑛
副　主　任：刘建国、曹丰文
编　　　委：刘克军、张　峰、范博森、孙长生
联合参编单位：中国半导体行业协会集成电路分会人才储备基地
　　　　　　　江苏世纪龙科技有限公司

前　言

随着现代工业技术的快速发展，对电工技能人才的需求日益增加，要求也在不断提高。电工技能人才不仅需要掌握扎实的电工基础知识和技能，还需要具备丰富的实践经验和解决问题的能力。传统的电工类教材往往注重理论知识的传授，而忽视了实践操作能力的培养，开发既符合职业教育教学改革要求，又贴近电工行业实际需求的实用性、针对性强的教材显得尤为重要。

本书是在充分调研和分析电工行业实际需求的基础上，结合中等职业学校机电技术应用专业及相关专业的教学特点，以项目为导向，以任务为驱动，注重理论与实践相结合，旨在培养学生的电工基本技能和实践能力。

本书分 6 个项目，共 24 个任务，通过学习目标、知识准备、任务实施、课后练习 4 个模块，使学生能够在实践中掌握电工基本技能。在内容安排及编写上，力求做到简洁明了、图文并茂、易于理解。同时，本书注重知识的系统性和完整性，确保学生能够在学习过程中形成完整的知识体系。

本书由王春梅、王江任主编。由许可祎、秦浩任副主编，参与编写的人员有李磊、宝馨宇、岳朗、孙冬梅、李焱、陈红星、张梦春。在编写过程中，中国半导体行业协会集成电路分会人才储备基地、江苏世纪龙科技有限公司以及赤峰信息职业技术学校给予了大力帮助，在此一并表示衷心的感谢。

在本书编写过程中参考了大量的著作和资料，在此特向这些作者表示衷心的感谢。

由于编者水平有限，书中难免有疏漏与不足之处，敬请广大读者批评指正。

编　者

二维码索引

名称	二维码	页码	名称	二维码	页码
安全用电常识及触电急救		1	导线绝缘层的恢复		51
电气火灾急救		10	白炽灯电路的安装		57
常用电工工具的使用		14	荧光灯电路的安装		60
万用表的使用		26	电能表的安装		65
钳形电流表的使用		30	室内照明电路的安装		69
绝缘电阻表的检查与检测		33	常用主令电器的拆装		75
导线绝缘层的剥削		38	常用开关类电器的拆装		82
导线的连接		43	交流接触器工作过程		84

（续）

名称	二维码	页码	名称	二维码	页码
热继电器工作原理		93	三相异步电动机接触器联锁正反转控制电路工作原理		114
熔断器的拆装		100	三相异步电动机Y-△减压起动控制电路工作原理		118
三相异步电动机点动控制电路工作原理		105	三相异步电动机顺序起动控制电路工作原理		121
三相异步电动机接触器自锁控制电路工作原理		110	三相异步电动机多地控制电路工作原理		124

目 录

前言
二维码索引

项目一　安全用电常识及电气火灾急救 ································· 1
  任务一　认识安全用电常识及触电急救演练 ··························· 1
  任务二　电气火灾应急演练 ··· 9

项目二　常用电工工具与仪表操作技能 ··································· 14
  任务一　常用电工工具的使用 ·· 14
  任务二　万用表的使用 ·· 25
  任务三　钳形电流表的使用 ··· 30
  任务四　绝缘电阻表的使用 ··· 33

项目三　电工基本操作工艺训练 ··· 37
  任务一　导线绝缘层的剥削 ··· 37
  任务二　导线的连接 ··· 42
  任务三　导线绝缘层的恢复 ··· 50

项目四　常用照明电路的安装 ·· 54
  任务一　白炽灯电路的安装 ··· 54
  任务二　荧光灯电路的安装 ··· 60
  任务三　电能表的安装 ·· 63
  任务四　室内照明电路的安装 ·· 68

项目五　常用低压电器的拆装 ·· 73
  任务一　主令电器的拆装 ··· 73
  任务二　开关类低压电器的拆装 ··· 77

任务三 接触器的拆装 ··· 84

任务四 继电器的拆装 ··· 91

任务五 熔断器的拆装 ··· 100

项目六 三相异步电动机控制电路的安装与调试 ·············· 105

任务一 三相异步电动机点动控制电路的安装与调试 ················ 105

任务二 三相异步电动机接触器自锁控制电路的安装与调试 ·········· 108

任务三 三相异步电动机接触器联锁正反转控制电路的安装与调试 ···· 112

任务四 三相异步电动机丫-△减压起动控制电路的安装与调试 ······ 116

任务五 三相异步电动机顺序起动控制电路的安装与调试 ············ 120

任务六 三相异步电动机多地控制电路的安装与调试 ················ 124

参考文献 ··· 128

项目一　安全用电常识及电气火灾急救

任务一　认识安全用电常识及触电急救演练

学习目标

※ **知识目标**

了解安全用电常识。
了解触电及触电急救的有关知识。

※ **技能目标**

学会根据触电者的触电症状，选择合适的急救方法。
掌握两种常用的触电急救方法，提高处理触电事故的能力。

※ **素质目标**

通过认识安全用电常识，培养专业情感。
通过体验触电急救训练，增强社会责任感，培养团队合作精神。

知识准备

安全用电常识及触电急救

一、安全用电常识

1. 安全电压

在不带任何防护设备的情况下，对人体各部分组织均不造成伤害的电压值，称为安全电压。

世界各国对于安全电压的规定不尽相同，有24V、25V、36V、40V、50V等。国际电工委员会（IEC）规定安全电压限定值为50V，并规定25V以下不需考虑防止电击的安全措施。我国规定 12V、24V、36V 这 3 个电压等级为安全电压级别，不同场所选用的安全等级不同。

电气安全操作规程规定：在潮湿环境和特别危险的局部照明或携带式电动工具等，如无特殊安全装置和安全措施，均应采用 36V 的安全电压；凡在潮湿工作场所或在安全金属容器内、隧道内、矿井内的手提式电动用具或照明灯，均应采用 12V 的安全电压。

需要注意的是，即使在规定的安全电压下工作，也不可粗心大意。

2. 保护接地

以安全为目的，把电气设备不带电的金属外壳接地，称为保护接地。电气设备采用保护接地措施后，设备外壳已通过导线与大地有良好的接触。因此，当人体触及带电的外壳时，人体相当于接地电阻的一条并联支路。由于人体电阻远远大于接地电阻，所以通过人体的电流很小，避免了触电事故。

（1）接地型式　根据国家标准《交流电气装置的接地设计规范》，低压系统接地型式可分为 IT 系统、TT 系统、TN 系统 3 种。

1）IT 系统。IT 系统的第一个字母"I"表示电源端所有带电部分不接地，或有一点通过阻抗接地。第二个字母"T"表示电气装置的外露可导电部分直接接地，此接地点在电气上独立于电源端的接地点，如图 1-1 所示。

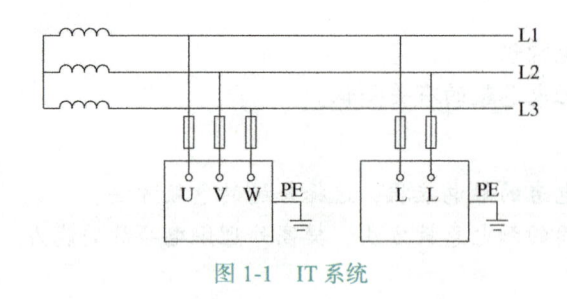

图 1-1　IT 系统

对于 IT 系统，它的特点在于电源端所有带电部分不接地，而是通过电气装置的外露可导电部分接地。IT 方式供电系统在供电距离不太长的情况下，具有较高的供电可靠性和安全性。一旦因故障导致设备漏电，由于设备的外露可导电部分可靠接地，其对地电压就不会太高，故一般不会对人身造成大的伤害，无须立即停电进行检修。所以该系统通常用于不允许停电的场所，或者对连续供电有严格要求的场所，如电力冶炼、大型医院手术室和地下矿井等。

虽然 IT 系统可以有中性线，但是国际电工委员会（IEC）强烈建议不设置中性线。这是因为如果在 IT 系统中设置了中性线，当中性线的任何一点发生接地故障时，整个系统将失去 IT 系统的特性。

2）TT 系统。TT 系统的第一个字母"T"表示电源端有一点直接接地。第二个字母"T"表示电气装置的外露可导电部分直接接地，此接地点在电气上独立于电源端的接地点，如图 1-2 所示。

TT 系统是一种电源端有一点直接接地，同时用电设备外露可导电部分也直接接地的系统。一般来说，将电源端有一点的接地称为工作接地，而设备外露可导电部分的接地称为保护接地。在 TT 系统中，工作接地和保护接地必须相互独立。设备接地可以是每个设备都有各自独立的接地装置，也可以是若干设备共用一个接地装置。

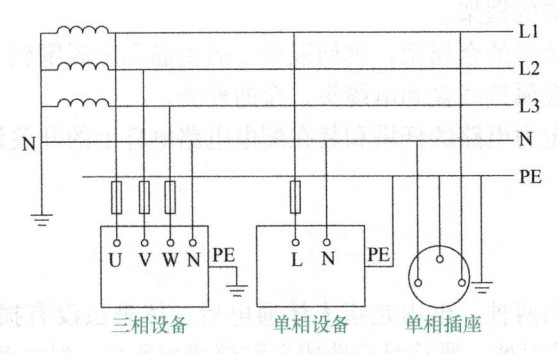

图 1-2 TT 系统

在 TT 系统设备正常运行时，外壳不带电；故障时，外壳高电位不会传递至全系统，适用于对电压敏感的数据处理设备及精密电子设备的供电。TT 系统能够降低漏电设备上的故障电压，但通常不能降低到安全范围内，因此必须装设漏电保护装置或过电流保护装置。该系统主要用于低压用户，即未装备配电变压器，从外部引进低压电源的小型用户。

3）TN 系统。TN 系统的第一个字母"T"表示电源端有一点直接接地。第二个字母"N"表示电气装置的外露可导电部分与电源端接地点有直接电气连接。TN 系统又分为 TN-C 系统、TN-S 系统和 TN-C-S 系统，在这仅分析 TN-S 系统，如图 1-3 所示。

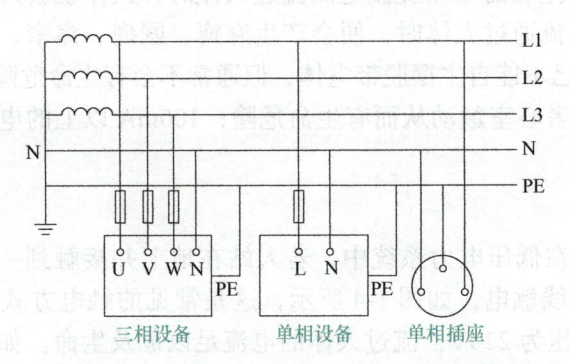

图 1-3 TN-S 系统

在 TN-S 系统中，用电设备外露的可导电部分通过 PE 线连接到电源中性点，与系统中性点共用接地体，而不是连接到独立的接地体。中性线（N 线）和保护线（PE 线）是分开的。

系统正常运行时，保护线上没有电流，只有中性线上可能有不平衡电流。PE 线对地没有电压，因此电气设备金属外壳接地保护是通过保护线实现的，非常安全可靠。中性线仅用于单相照明负载回路。保护线不允许断线，也不允许连接剩余电流断路器。TN-S 系统的供电干线上也可以安装漏电保护器，以实现相应的漏电保护。TN-S 方式供电系统具有安全可靠的特性，适用于工业和民用建筑等低压供电系统。

（2）适用范围 对于以下电气设备的金属部分均应采取保护接地措施。

① 电动机、变压器、电器、照明器具、携带式及移动式用电器具等的底座和外壳。

② 电气设备的传动装置。
③ 电压和电流互感器的二次绕组。
④ 配电屏与控制屏的框架。
⑤ 室内、外配电装置的金属架，钢筋混凝土的主筋和金属围栏。
⑥ 穿线的钢管，金属接线盒和电缆头、盒的外壳。
⑦ 装有避雷线的电力电路的杆塔和装在配电电路电杆上的开关设备及电容器的外壳。

二、触电及触电急救

1. 触电的种类

触电有电击和电伤两种。电击是指人体通电后，体表虽没有损伤痕迹，但已造成内部器官损坏，使人呼吸困难，严重时会造成心脏停搏而死亡。触电死亡绝大部分由电击造成。电伤则是由电流的热效应、化学效应、机械效应，以及电流本身作用所造成的人体外伤，表现为灼伤、烙伤和皮肤金属化等现象，严重时也能致命。

电流对人体伤害的严重程度一般与下面几个因素有关：通过人体电流的大小、电流通过人体时间的长短、电流通过人体的部位、通过人体电流的频率、触电者的身体状况等。通过人体的电流越大，时间越长，危险越大；触电电流通过人体脑部和心脏时最危险；频率为40~60Hz的交流电对人体的危害最大，直流电流与较高频率电流的危险性则小些；男性、成年人、身体健康者受电流伤害的程度相对要轻一些。人体电阻越大，受电流伤害越轻。1mA左右的工频交流电流流过人体时，人体就会产生麻刺等不舒服的感觉；10~30mA的电流通过人体时，便会产生麻痹、剧痛、痉挛、血压升高、呼吸困难等症状，此时触电者已不能自主摆脱带电体，但通常不会有生命危险；电流达到50mA以上时，就会引起触电者心室颤动从而有生命危险；100mA以上的电流流过人体时，足以致人死亡。

2. 触电的方式

（1）单相触电　在低压电力系统中，若人站在地上并接触到一根相线（俗称火线），即为单相触电或称单线触电，如图1-4所示，这是常见的触电方式。如果系统中性点接地，则加于人体的电压为220V，流过人体的电流足以危及生命。如果系统中性点不接地时，虽然电路对地绝缘电阻可起到限制人体电流的作用，但电路对地存在分布电容、分布电阻，作用于人体的电压为线电压380V，触电电流仍可达到危害生命的程度。

人体接触漏电的设备外壳，也属于单相触电。

（2）两相触电　人体不同部位同时接触两相电源带电体而引起的触电称为两相触电，如图1-5所示。

无论电网中性点是否接地，人体所承受的电压均比单相触电时要高，危险性更大。

（3）接触电压、跨步电压触电　当外壳接地的电气设备绝缘损坏而使外壳带电，或导线断落发生单相接地故障时，电流由设备外壳经接地线、接地体（或由断落导线经接地点）流入大地，在导线接地点及周围形成强电场。其电位以接地点为圆心向周围扩散，一般距接地体20m远处电位为零。人站在地上触及设备外壳时，就会承受一定的电压，称为接触电压。由接触电压引起的人体触电称为接触电压触电，如图1-6a所示。若人在接地点周围行走，其两脚之间的电位差就是跨步电压。由跨步电压引起的人体触电，称为跨步电压触电，如图 1-6b 所示。跨步电压的大小受接地电流大小、鞋和地面特征、两脚之间的跨距、两脚的方位以及离接地点的远近等很多因素的影响。两脚之间的跨距一般按 0.8m 考虑。

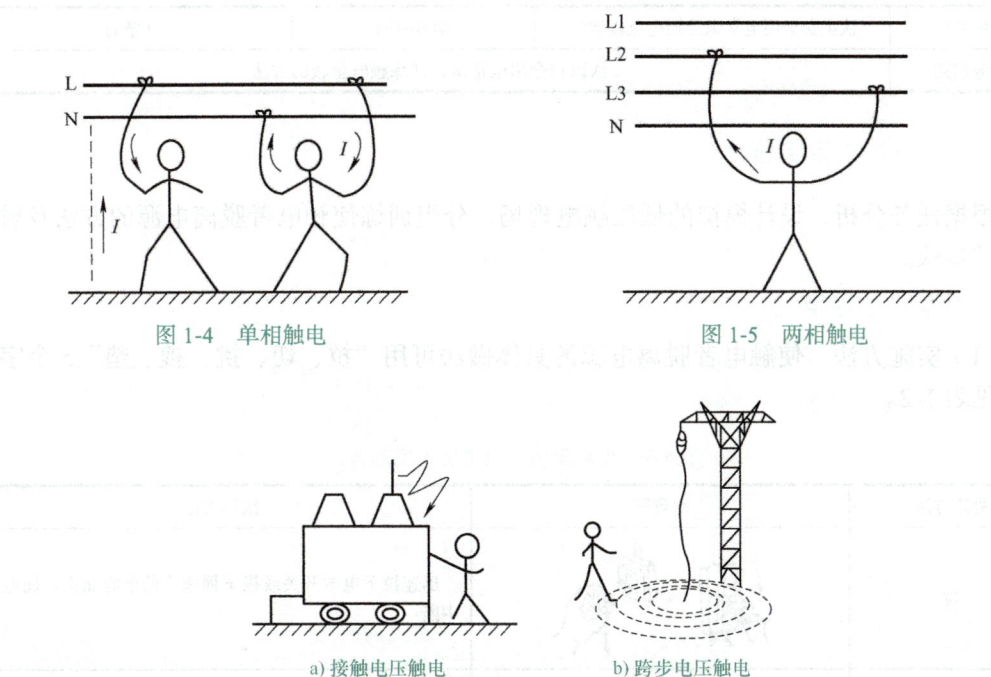

图 1-4　单相触电

图 1-5　两相触电

a) 接触电压触电　　　b) 跨步电压触电

图 1-6　接触电压、跨步电压触电

3. 触电急救

1）如触电者神智尚清醒，但感觉头晕、心悸、出冷汗、恶心、呕吐等，应让其静卧休息，减轻心脏负担。

2）如触电者神智有时清醒，有时昏迷，应静卧休息，并请医生救治。

3）如触电者无知觉，有呼吸、心跳，在请医生的同时，应施行人工呼吸。

4）如触电者呼吸停止，但心跳尚存，应施行人工呼吸；如触电者心跳停止，呼吸尚存，应采取胸外心脏挤压法；如触电者呼吸、心跳均停止，则须同时采用口对口人工呼吸法和胸外心脏挤压法进行抢救。

任务实施

一、任务分析

触电事故带来的危害是很大的，要以预防为主，消除发生事故的根源，防止事故的发生。同时，要了解安全用电常识及触电现场急救的知识，这不仅能防患于未然，万一发生了触电事故，也能正确及时地采取措施，以挽救人的生命。本任务就是通过模拟训练掌握

电工基本技能

触电急救的有关知识，学会触电急救的方法。

本任务的学习内容见表1-1。

表1-1　学习内容

任务名称	认识安全用电常识及触电急救演练	学习时间	4学时
任务描述	认识安全用电常识，训练触电急救的方法		

二、具体任务实施

根据任务分析，设计模拟的低压触电现场，分组训练使触电者脱离电源的方法及触电急救的步骤。

1. 使触电者脱离电源

（1）实施方法　使触电者脱离电源的具体做法可用"拉、切、挑、拽、垫"5个字概括，见表1-2。

表1-2　使触电者脱离电源的实施方法

处理方法	示意图	操作方法
拉		迅速拉下电源开关或拔下插座上的电源插头，使电路中断
切		若无法找到电源开关，应迅速用绝缘良好的工具切断电源，断开电路
挑		用木棒或其他绝缘工具挑开电源线，使其离开触电者
拽		救护者可站在绝缘的木板或橡胶垫上拖拽触电者，使之脱离电源
垫		救护者可用绝缘的木板直接塞在触电者的身下，使触电者与大地隔离，阻止电流通过触电者入地

（2）实操练习

1）在模拟的低压触电现场模拟触电的各种情况，两人一组选择正确的绝缘工具，使用安全快捷的方法使触电者脱离电源。

2）将已脱离电源的触电者按急救要求放置在体操垫上，学习不同情况下触电急救的办法。

2. 触电急救的常用方法

（1）口对口人工呼吸法

1）实施方法。口对口人工呼吸法主要适用于急救呼吸停止的触电者，如图1-7所示。操作步骤如下：

a) 清除口腔杂物　　b) 捏鼻掰嘴吹气　　c) 放松嘴鼻换气

图1-7　口对口人工呼吸法

① 先使触电者仰卧，解开衣领、围巾、紧身衣服等，除去口腔中的黏液、血液、食物、假牙等杂物。

② 将触电者头部尽量后仰，鼻孔朝天，颈部伸直。救护者一只手捏紧触电者的鼻孔，另一只手掰开触电者的嘴巴。救护者深吸气后，紧贴着触电者的嘴巴大口吹气，使其胸部膨胀；之后救护者换气，放松触电者的嘴鼻，使其自动呼气。如此反复进行，吹气2s，放松3s，大约5s一个循环。

③ 吹气时要捏紧鼻孔，紧贴嘴巴，不要漏气，放松时应使触电者能自动呼气。

若触电者牙关紧闭，无法撬开，可采取口对鼻吹气的方法。对体弱者和儿童吹气时用力应稍轻，以免肺泡破裂。

2）实操练习。

① 两人一组，在体操垫上按步骤练习口对口人工呼吸急救方法。一人模拟停止呼吸的触电者，另一人模拟救护者。"触电者"仰卧于体操垫上，"救护者"按要求调整好"触电者"的姿势，按正确要领进行吹气和换气。"救护者"必须掌握好施救动作和吹气、换气时间。

② 检查急救方法的动作和节奏是否符合要求。

（2）胸外心脏挤压法

1）实施方法。胸外心脏挤压法是用人工胸外挤压代替心脏的收缩作用，帮助触电者恢复心跳的有效方法，如图1-8所示。操作步骤如下：

① 使触电者仰卧在平直的木板或平整的硬地面上，姿势与进行人工呼吸时相同，但后背应实实在在着地，救护者跨在触电者的腰部两侧。

② 救护者两手相叠，将掌根置于触电者胸部下端部位，即中指尖部置于其颈部凹陷

的边缘，掌根所在的位置即为正确挤压区。然后，自上而下用力均衡地直线挤压，使其胸部下陷 3～4cm，以压迫心脏使其排血。

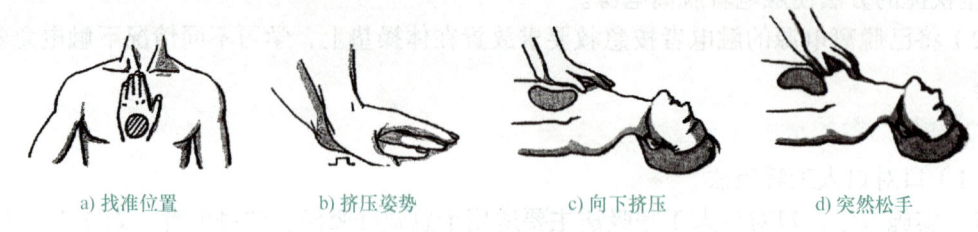

  a) 找准位置 b) 挤压姿势 c) 向下挤压 d) 突然松手

图 1-8 胸外心脏挤压法

  ③ 挤压到位的手掌突然放松，但不要离开胸壁，依靠胸部的弹性使胸骨自动回复原状，心脏自然扩张，大静脉中的血液就能回流到心脏中。

  按照上述步骤连续不断地进行，约 100～120 次 /min。挤压时定位要准确，压力要适中，不要用力过猛，以免造成肋骨骨折、气胸、血胸等危险；但也不能用力过小，用力过小则达不到挤压的目的。

  2）实操练习。

  ① 两人一组，在体操垫上练习胸外心脏挤压急救方法，一人模拟心脏停止跳动的触电者，另一人模拟救护者。"触电者"仰卧于体操垫上，"救护者"按要求调整好"触电者"的姿势，找准胸外挤压位置，按正确手法和时间要求对"触电者"施行胸外心脏挤压。

  ② 检查急救方法的力度和节奏是否符合要求。

三、任务评价

评分标准见表 1-3。

表 1-3 评分标准

考核内容	配分	评分标准	扣分	得分
使触电者尽快脱离电源	40 分	操作不当，每次扣 5 分		
口对口人工呼吸	30 分	操作不当，每次扣 5 分		
胸外心脏挤压	30 分	操作不当，每次扣 5 分		
工时	开始时间	结束时间		

注：违反安全文明生产规定实施倒扣分，每违反一次扣 20 分。

课后练习

  1. 什么是安全电压？我国对安全电压值有何规定？
  2. 什么是保护接地？保护接地有几种型式？
  3. 在日常用电和电气维修中哪些因素会导致触电？
  4. 常见的触电方式有哪几种？

5. 如果有人触电,应该怎么办?
6. 简述口对口人工呼吸法的操作要点。
7. 简述胸外心脏挤压法的操作要点。
8. 运输处汽车驾驶人张某脚穿拖鞋,在使用电动高压水泵冲刷车辆时,由于电线绝缘有损坏,长期浸泡在水中造成电线漏电,使张某触电倒地。试分析触电事故发生的原因。

任务二 电气火灾应急演练

学习目标

※ 知识目标

了解电气火灾的预防措施。
了解电气火灾扑救的消防知识。

※ 技能目标

掌握电气火灾的应急处理措施。
学会使用干粉灭火器扑救电气火灾的方法。

※ 素质目标

通过了解电气火灾的预防与扑救知识,增强用电安全意识。
通过电气火灾处理与扑救方法的练习,提高电气火灾的应急处置能力。

知识准备

一、引起电气火灾的主要原因

1. 电路短路

发生短路时,电路中的电流急剧增加,产生的热量使得温度急剧上升,当温度超过自身或周围可燃物的燃点时,即会引起燃烧,发生火灾。容易发生短路的情况如下:

1)电气设备的绝缘老化变质、机械损伤,在高温、潮湿或腐蚀的作用下使绝缘层破损。

2)因雷击等过电压的作用,使绝缘击穿。

3)安装和检修工作中,由于接线和操作错误发生短路。

2. 负荷过载

电气设备过载，使导线中的电流超过额定值，而保护装置又不发挥作用，引起导线过热，烧坏绝缘层，引起火灾。负荷过载的原因如下：

1）设计选用的电路或设备不合理，以致在额定负载下出现过热。
2）使用不合理，如超载运行，连续使用时间过长，造成过热。
3）设备故障运行，如三相电动机断相运行、三相变压器不对称运行等，均可造成过载。

3. 接触不良

导线连接处接触不良，电流通过接触点时打火，引起火灾。接触不良的原因如下：

1）接头连接不牢、焊接不良或接头处混有杂物，都会增加接触电阻而导致接头打火。
2）可拆卸的接头连接不紧密或由于震动而松动，也会增加接触电阻而导致接头打火。
3）开关、接触器等活动触点，没有足够的压力或接触面粗糙不平时，都会导致接头打火。
4）对于铜铝接头，由于铜和铝性质不同，接头处易受电解作用腐蚀，从而导致接头打火。

4. 使用时间过长

长时间使用发热电器，易引燃周围物品而造成火灾。

电气火灾急救

二、电气火灾的预防措施

1）选择合适的导线和电气设备。当电气设备增多、电功率过大时，及时更换原有电路中不合要求的导线及有关设备。
2）选择合适的保护装置。合适的保护装置能预防电路过载或用电设备过热等情况。
3）选择绝缘性能好的导线。对于热能电器，应选用石棉织物护套线绝缘。
4）避免接头打火和短路。电路中的连接处应牢固，接触良好，防止短路。

三、电气消防知识

发生电气火灾时，应采取以下措施：

1）电子装置、电气设备、电线电缆等冒烟起火时，应尽快切断电源。
2）电器或电路着火，要先切断电源，使用沙土或专用灭火器进行灭火，不可直接泼水灭火，以防触电或电器爆炸伤人。
3）灭火时应避免身体或灭火工具触及导线或电气设备。
4）救火时不要贸然打开门窗，以免空气对流，加速火势蔓延。
5）若不能及时灭火，应立即拨打119报警。

四、灭火器的种类

常见的灭火器有干粉灭火器、泡沫灭火器以及二氧化碳灭火器等，分别适宜扑灭不同种类的火灾，使用的方法也不尽相同。

1. 干粉灭火器

干粉灭火器使用方便、有效期长，一般家庭、学校使用的灭火器都是这一类型。它适用于扑救各种易燃、可燃液体和气体火灾，以及电气设备火灾。

干粉灭火器的使用方法如图1-9所示。

a) 拔出保险销　　　　b) 按下压把　　　　c) 对准火焰根部喷射

图1-9　干粉灭火器的使用方法

1）使用前，先把灭火器摇动数次，使瓶内干粉松散。
2）拔出保险销，按下压把，对准火焰根部喷射。
3）在灭火过程中，灭火器应始终保持直立状态，不得横卧或颠倒使用。
4）灭火后防止复燃。

2. 泡沫灭火器

泡沫灭火器适用于扑救各种油类火灾和木材、纤维、橡胶等固体可燃物火灾。

使用泡沫灭火器时应该注意：人要站在上风处，尽量靠近火源，因为它的喷射距离只有2～3m，要从火势蔓延速度快，即最危险的一边喷起，然后逐渐移动，注意不要留下火星；手要握住喷嘴木柄，以免被冻伤；因为二氧化碳在空气中的含量过多，对人体不利，所以在空气不畅通的场合，喷射后应立即通风。

3. 二氧化碳灭火器

二氧化碳灭火器灭火性能高、毒性低、腐蚀性小、灭火后不留痕迹、使用比较方便，适用于各种易燃、可燃液体和可燃气体火灾，还可扑救仪器仪表、图书档案和低压电气设备，以及600V以下的电器初起火灾。

二氧化碳灭火器有开关式和闸刀式两种。使用时，先拔出保险销，然后，一手握住喷射喇叭上的木柄，一手按动鸭舌开关或旋转开关，最后提握器身。需要注意的是：闸刀式灭火器一旦打开，就再也不能关闭。因此，在使用前要做好准备。

任务实施

一、任务分析

火灾的直接原因多是由电气事故引发，违规使用电器是最大的安全隐患，电气故障具有极强的隐蔽性，不易被人察觉，一旦发生火灾，就会造成无法估量的灾难和损失。亟须倡导以实际行动和措施来切实做好消防安全工作,普及消防知识,提高扑救火灾和自救逃生的知识和技能。本任务就是通过阅读和分析案例来提高电气火灾的防范与应对意识,通过模拟电气火灾现场,训练扑救电气火灾的能力。

本任务的学习内容见表1-4。

表1-4 学习内容

任务名称	电气火灾应急演练	学习时间	4学时
任务描述	演练电气火灾应急处理措施		

二、具体任务实施

1. 电气火灾典型案例分析,讨论应急处理及预防措施

(1)实施方法 阅读相关案例,分析电气火灾发生原因并提出相应的处理及预防措施。

(2)实操练习

案例1:××年2月19日晨5时30分左右,武汉某大学4号学生宿舍因使用电热毯引发大火,该宿舍3楼的30多间寝室均遭火劫,房顶几乎全部坍塌,过火面积450m^2,直接经济损失约10万元。

案例2:××年3月28日早上7时40分左右,北京某大学一栋女生宿舍楼发生火灾。大部分学生采用湿毛巾捂住口鼻、弯腰逃生等方式自救,但仍有个别学生因受不了浓烟的熏呛准备跳楼。危急时刻,在消防员制止下,这几名学生最终被救至安全地带。火灾原因是计算机爆炸所致。

案例3:××年11月14日早晨6时10分左右,某职业学院一学生宿舍楼发生火灾,火势迅速蔓延导致烟雾过大,4名女生在消防员赶到之前从6楼宿舍阳台跳楼逃生,不幸全部遇难。火灾原因是寝室里学生使用"热得快"烧水引发电器故障,并引燃周围可燃物。

(3)分组讨论 根据以上电气火灾典型案例,分析事故发生的主客观原因,提出相应的应急处理及预防措施。

2. 电气火灾扑救练习

(1)实施方法 根据任务分析,设计模拟电气火灾现场,训练使用干粉灭火器扑救电气火灾。

(2)实操练习 进行干粉灭火器扑救电气火灾现场模拟练习。

1)点燃模拟火场。

2)手持灭火器对明火进行扑救。

① 右手提着灭火器到现场。

② 除掉铅封。

③ 拔掉保险销。

④ 左手握着喷管,右手提着压把。

⑤ 在距火焰 2m 的地方,右手用力压下压把,左手拿着喷管左右摆动,喷射干粉覆盖整个燃烧区。

3)清理训练现场。

三、任务评价

评分标准见表 1-5。

表 1-5 评分标准

考核内容	配分	评分标准	扣分	得分
典型案例分析,讨论应急处理及预防措施	50 分	操作不当,每次扣 5 分		
电气火灾扑救	50 分	操作不当,每次扣 5 分		
工时		开始时间	结束时间	

注:违反安全文明生产规定实施倒扣分,每违反一次扣 20 分。

课后练习

1. 引起电气火灾的主要原因有哪些?
2. 电气火灾的预防措施有哪些?
3. 在发生电气火警时,应采取哪些措施?
4. 简述干粉灭火器的用途和使用方法。

项目二　常用电工工具与仪表操作技能

任务一　常用电工工具的使用

学习目标

※ 知识目标
学会识别各种电工工具，掌握其安全操作要求。
※ 技能目标
能熟练地使用常用电工工具。
※ 素质目标
通过认识和使用常用电工工具，激发专业情感。

知识准备

常用电工工具的使用

一、低压验电器

低压验电器是检验导线和电器设备是否带电的一种电工常用检测工具，主要包括验电笔、电子式验电器、数字式验电器和多功能验电器。验电笔又分为氖泡式和液晶窗口显示式两种，如图2-1所示。

氖泡式低压验电笔由氖泡、电阻器、弹簧、笔身、笔尖组成。使用时，用手指触及笔尾的金属体，使氖管小窗背光朝自己。当用电笔测带电体时，手握部位不能超过绝缘部分，电流经带电体、电笔、人体、地形成回路，只要带电体与大地之间的电位差超出60V，电笔中的氖泡就发光。低电测电笔工作范围为60～500V。

项目二　常用电工工具与仪表操作技能

a) 氖泡式　　　　　　b) 液晶窗口显示式

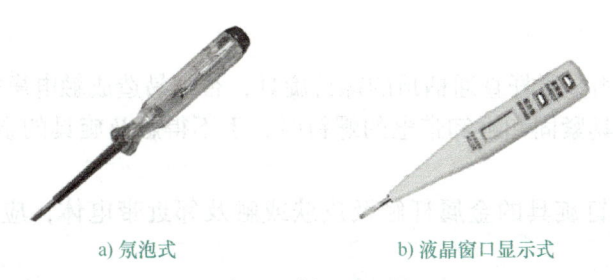

图 2-1　低压验电器

低压验电器可用来区分电压的高低、相线与中性线、直流电与交流电、直流电的正负极等。

二、螺钉旋具

螺钉旋具又称螺丝刀，是一种紧固或拆卸螺钉的工具。

1. 螺钉旋具的式样和规格

螺钉旋具的式样和规格很多，按头部形状可分为一字槽和十字槽两种，如图 2-2 所示。

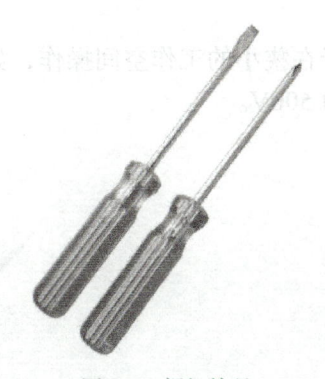

图 2-2　螺钉旋具

一字槽螺钉旋具常用规格有 50mm、100mm、150mm 和 200mm 等，电工必备的是 50mm 和 150mm 两种。十字槽螺钉旋具专供紧固和拆卸十字槽的螺钉，十字槽螺钉旋具工作端部常用的有 5 种规格，分别是 0、1、2、3、4，数字越靠前，规格越小。十字槽螺钉旋具的标记一般用头型－长度表示，如 PH2-100，PH2 是指工作端部型式和槽号，100 是指旋杆长度，单位为毫米。

带有磁性的螺钉旋具按握柄材料分为木质绝缘柄和塑胶绝缘柄。它的规格较齐全，也分为十字槽和一字槽。金属杆的刀口端焊有磁性金属材料，可以吸住待拧紧的螺钉，目前使用很广泛。

2. 螺钉旋具的使用

使用大螺钉旋具时，手掌顶住手柄的末端，大拇指、食指和中指夹住握柄，转动旋具手柄；使用小螺钉旋具时，手指顶住手柄末端，大拇指、中指和无名指捻旋手柄。如果旋具较长，可用右手压紧并转动手柄，左手握住螺钉旋具中间，以使其不滑落。

3. 使用螺钉旋具的安全知识

1）电工不可使用金属杆直通柄顶的螺钉旋具，否则易造成触电事故。

2）使用螺钉旋具紧固和拆卸带电的螺钉时，手不得触及旋具的金属杆，以免发生触电事故。

3）为了避免螺钉旋具的金属杆触及皮肤或触及邻近带电体，应在金属杆上穿套绝缘管。

三、钢丝钳

钢丝钳有铁柄和绝缘柄两种，绝缘柄为电工用钢丝钳，常用规格有150mm、175mm和200mm 3种。

如图2-3所示，钢丝钳由钳头和钳柄两部分组成。钳头由钳口、齿口、刀口和铡口4部分组成，钳口用来弯绞和钳夹导线线头，齿口用来紧固或起松螺母，刀口用来剪切和剥削软导线绝缘层，铡口用来铡切电线线芯、钢丝或铅丝等软硬金属丝。

使用钢丝钳时，必须先检查绝缘柄的绝缘是否良好。若损坏，在带电作业时会发生触电事故。剪切带电导线时，不得用刀口同时剪切两根相线，以免发生短路事故。

四、尖嘴钳

尖嘴钳的头部尖细，适用于在狭小的工作空间操作，如图2-4所示。尖嘴钳也有铁柄和绝缘柄两种，绝缘柄的耐压为500V。

图2-3 钢丝钳 　　　　图2-4 尖嘴钳

尖嘴钳能夹持较小的螺钉、垫圈、导线等元件。带有刀口的尖嘴钳能剪断细小金属丝。在装接控制电路时，尖嘴钳能将单股导线弯成所需的各种形状。

五、断线钳

断线钳又称斜口钳，钳柄有铁柄、管柄和绝缘柄3种。电工用的绝缘柄断线钳如图2-5所示，绝缘柄的耐压为500V。断线钳通常用于剪断较粗的金属丝、线材及导线电缆。

六、剥线钳

剥线钳是用来剥除电线、电缆端部塑料绝缘层的专用工具，如图 2-6 所示。它可以带电（500V 以下）剥除电线末端的绝缘层。

图 2-5　绝缘柄断线钳

图 2-6　剥线钳

使用方法：根据电线粗细，选择合适的剥线钳口，把电线头放入剥线钳，然后握紧钳把，即可剥掉绝缘层。

七、电工刀

电工刀在装配维修工作中用于割削导线绝缘外皮，以及割削木桩和割断绳索等，如图 2-7 所示。

电工刀在使用时，应将刀口朝外剥削。剥削导线绝缘层时，应使刀面与导线呈较小的锐角，以免割伤导线。电工刀刀柄无绝缘保护，不能用于带电作业，以免触电。

八、活扳手

活扳手是用来紧固和起松螺栓、螺母的专用工具。活扳手的扳口可在规定范围内任意调整大小，用于旋动螺母，如图 2-8 所示。使用活扳手时，应注意扳手不可反用，以免损坏活扳唇，也不可用钢管接长手柄当作加力杆使用，更不可当作撬棍和手锤使用。

图 2-7　电工刀

图 2-8　活扳手

九、电烙铁

电烙铁用来焊接导线接头、电气元件接点。电烙铁的工作原理是利用电流通过发热体（电热丝）产生的热量熔化焊锡后进行焊接。

1. 电烙铁的种类

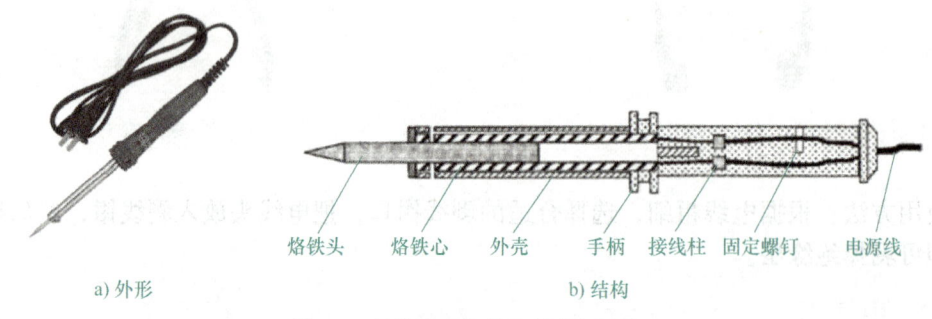

（1）外热式电烙铁　外热式电烙铁的外形与结构如图 2-9 所示，它是由烙铁头、外壳、烙铁心、固定螺钉、手柄、电源线、接线柱等部分组成。烙铁头安装在烙铁心里面，所以称为外热式电烙铁。

烙铁心是电烙铁的关键部件，它是将电热丝平行地绕制在一根空心瓷管上，中间用云母片绝缘，并引出两根导线与 220V 交流电源连接。常用的外热式电烙铁规格有 25W、45W、75W 和 100W 等。

烙铁头　烙铁心　外壳　手柄　接线柱　固定螺钉　电源线

a) 外形　　　　　　　　　　b) 结构

图 2-9　外热式电烙铁的外形与结构

（2）内热式电烙铁　内热式电烙铁的外形与结构如图 2-10 所示，它由烙铁头、烙铁心、外壳、手柄、电源线等组成。由于烙铁心安装在烙铁头里，因而发热快，利用率高，故称为内热式电烙铁。

烙铁头　烙铁心　外壳　手柄　接线柱　固定螺钉　电源线

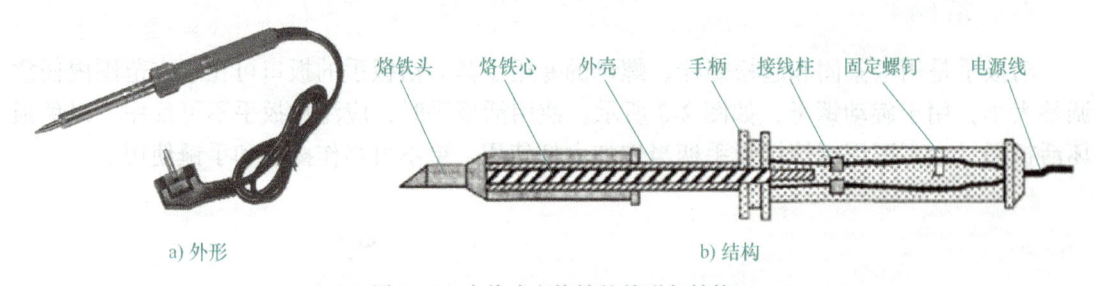

a) 外形　　　　　　　　　　b) 结构

图 2-10　内热式电烙铁的外形与结构

内热式电烙铁烙铁头的后端是空心的，套接在连接杆上，并且用弹簧夹固定。更换烙铁头时，必须先将弹簧夹退出，同时用钳子夹住烙铁头的前端，慢慢地拔出，切记不能用力过猛，以免损坏连接杆。

内热式电烙铁的烙铁心是用比较细的镍铬电阻丝绕在瓷管上制成的，电烙铁的温度一般可达 350℃。内热式电烙铁的功率有 20W、25W、50W 等几种。由于它的热效率高，

20W内热式电烙铁就相当于40W左右的外热式电烙铁。

（3）吸锡电烙铁　吸锡电烙铁是将活塞式吸锡器与电烙铁融为一体的拆焊工具。它具有使用方便、灵活、适用范围广等特点，不足之处是每次只能对一个焊点进行拆焊。其外形如图2-11所示。

吸锡电烙铁的使用方法如下：接通电源，预热几分钟后，将活塞柄推下并卡住，将吸头前端对准欲拆焊的焊点，待焊锡熔化后，按下按钮，活塞便自动上升，焊锡即被吸进气筒内。每次使用完毕后，要推动活塞清除吸管内残留的焊锡，使吸头与吸管畅通，以便下次使用。

（4）恒温电烙铁　恒温电烙铁内部采用条状的高居里温度PTC（正温度系数）恒温发热元件，配设紧固导热结构。与传统的电热丝烙铁心相比，特点是升温迅速、节能、工作可靠、寿命长、成本低廉。

在恒温电烙铁的烙铁头内装有温度控制器。电烙铁通电时，温度上升，当达到预定的温度时，因强磁铁传感器达到了居里温度而磁性消失，从而使磁芯开关的触点断开，此时便停止向电烙铁供电；当温度低于强磁铁传感器的居里温度时，强磁铁便恢复磁性，吸动磁芯开关中的永久磁铁，使触点接通，继续向电烙铁供电，如此循环往复，便能达到恒温的效果。恒温电烙铁的外形如图2-12所示。

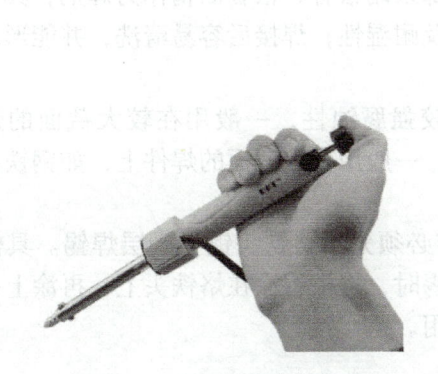

图2-11　吸锡电烙铁的外形　　　　图2-12　恒温电烙铁的外形

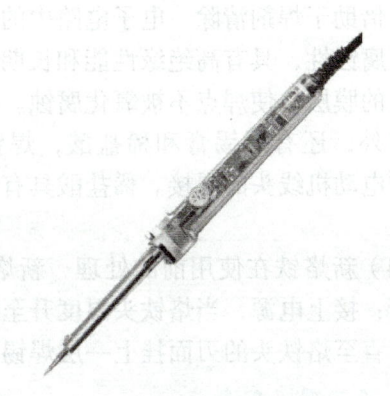

焊接集成电路、晶体管元器件时，常用到恒温电烙铁，因为半导体器件的焊接温度不能太高，焊接时间不能过长，否则会因过热而损坏元器件。

2. 电烙铁功率的选用原则

1）焊接集成电路、晶体管及其他受热易损的元器件时，考虑选用20W内热式电烙铁或25W外热式电烙铁。

2）焊接较粗导线及同轴电缆时，考虑选用50W内热式电烙铁或50W外热式电烙铁。

3）焊接较大元器件时，如金属底盘接地焊片，应选100W以上的电烙铁。

3. 电烙铁的使用

（1）电烙铁的握法　手工焊接，握电烙铁的方法有反握式、正握式及握笔式3种，如图2-13所示。

a) 反握式   b) 正握式   c) 握笔式

图 2-13 电烙铁的握法

反握式适用于大功率电烙铁，焊接散热量大的被焊件；正握式适用于较大的电烙铁，弯形烙铁头的电烙铁一般也用此握法；握笔式适用于小功率电烙铁，焊接散热量小的被焊件，如印制电路板及其连接线缆的维修等。

（2）焊料　焊料是指易溶的金属及合金，其作用是将被焊物连接在一起。焊料的熔点比被焊物的熔点低，而且易与被焊物连为一体。在电子产品装配中，一般都选用锡铅系列焊料，也称焊锡。常用的是焊锡丝，其内部夹有固体焊剂松香。直径为 $\phi0.8mm$ 或 $\phi1.0mm$ 的焊锡丝，用于一般电子元件焊接；直径为 $\phi0.6mm$ 或 $\phi0.7mm$ 的焊锡丝，用于超小型电子元件焊接。

（3）焊剂　焊接时，为了能使被焊物与焊料焊接牢靠，就必须去除焊件表面的氧化物和杂质。去除杂质通常有机械法和化学法，机械法是用砂纸和刀子将氧化层去掉；化学法则是借助于焊剂清除。电子电路中的焊接通常都采用松香、松香酒精作为焊剂，其优点是没有腐蚀性，具有高绝缘性能和长期的稳定性及耐湿性；焊接后容易清洗，并能形成覆盖焊点的膜层，使焊点不被氧化腐蚀。

另外，还有焊锡膏和稀盐酸，焊锡膏具有较强腐蚀性，一般用在较大截面的焊件上，如电动机线头的焊接。稀盐酸具有强腐蚀性，一般用在大截面的焊件上，如钢铁件的焊接。

（4）新烙铁在使用前的处理　新烙铁使用前必须先给烙铁头镀上一层焊锡。具体方法如下：接上电源，当烙铁头温度升至能熔化焊锡时，将松香涂在烙铁头上，再涂上一层焊锡，直至烙铁头的刃面挂上一层焊锡，便可使用。

4. 手工焊接方法

（1）准备施焊　准备好焊锡丝和电烙铁，保持烙铁头干净。

（2）加热焊件　电烙铁的焊接温度由实际使用情况决定。一般来说，焊接一个锡点的时间在 4s 最为合适。焊接时烙铁头与印制电路板成 45°，烙铁头顶住焊盘和元器件引脚，然后给元器件引脚和焊盘均匀预热。

（3）移入焊锡丝　焊锡丝从元器件引脚和烙铁头接触面处引入，焊锡丝应靠在元器件引脚与烙铁头之间。

（4）移开焊锡丝　当焊锡丝熔化（要掌握进锡速度），焊锡散满整个焊盘时，即可以 45°方向拿开焊锡丝。

（5）移开电烙铁　焊锡丝拿开后，电烙铁继续放在焊盘上持续 1～2s，当焊锡只有轻微烟雾冒出时，即可移开电烙铁，移开电烙铁时，不要过于迅速或用力往上挑，以免溅落锡珠或使焊锡点拉尖等，同时要保证被焊元器件在焊锡凝固之前不要移动或受到振动，否则极易造成焊点结构疏松、虚焊等现象。

手工焊接方法如图 2-14 所示。

a) 准备施焊　　b) 加热焊件　　c) 移入焊锡丝　　d) 移开焊锡丝　　e) 移开电烙铁

图 2-14　手工焊接方法

5. 焊点的基本要求

1）焊点要有足够的机械强度，保证被焊件在受振动或冲击时不致脱落、松动。不能用过多的焊料堆积，这样容易造成虚焊、焊点与焊点短路。

2）焊接可靠，具有良好的导电性，防止虚焊。虚焊是指焊料与被焊件表面没有形成合金结构，只是简单地依附在被焊金属表面上。

3）焊点表面要光滑、清洁，有良好的光泽，不应有毛刺、空隙，尤其是焊剂的有害残留物质，要选择合适的焊料与焊剂。

否则，将出现焊点缺陷，焊点缺陷类型见表 2-1。

表 2-1　焊点缺陷类型

焊点缺陷	外观特点	危害	原因分析
过热	焊点发白，表面较粗糙，无金属光泽	焊盘强度降低，容易剥落	电烙铁功率过大，加热时间过长
冷焊	表面呈豆腐渣状颗粒，可能有裂纹	强度低，导电性能不好	焊料未凝固前焊件抖动
拉尖	焊点出现尖端	外观不佳，容易造成桥连短路	①助焊剂过少而加热时间过长 ②电烙铁撤离角度不当
桥连	相邻导线连接	电气短路	①焊锡过多 ②电烙铁撤离角度不当
铜箔翘起	铜箔从印制电路板上剥离	印制电路板被损坏	焊接时间太长，温度过高
虚焊	焊锡与元器件引脚和铜箔之间有明显黑色界限，焊锡向界限凹陷	设备时好时坏，工作不稳定	①元器件引脚未清洁好，未镀好焊锡或焊锡氧化 ②印制电路板未清洁好，喷涂的助焊剂质量不好

(续)

焊点缺陷	外观特点	危害	原因分析
焊料过多	焊点表面向外突出	浪费焊料，可能包藏缺陷	焊丝撤离过迟
焊料过少	焊点面积小于焊盘的80%，焊料未形成平滑的过渡面	机械强度不足	① 焊锡流动性差或焊锡撤离过早 ② 助焊剂不足 ③ 焊接时间太短

6. 电烙铁使用注意事项

1）使用过程中不要敲击烙铁头以免损坏。内热式电烙铁连接杆钢管壁厚度只有 0.2mm，不能用钳子夹以免损坏。在使用过程中应经常维护，保证烙铁头挂上一层薄锡。

2）电烙铁通电后温度高达 250℃以上，不用时应放在烙铁架上，但较长时间不用时应切断电源，防止高温"烧死"烙铁头（被氧化）。

3）电烙铁在焊接时，最好选用松香焊剂以保护烙铁头不被腐蚀。电烙铁应放在烙铁架上，要轻拿轻放，不要乱甩烙铁头上的焊锡。

4）更换烙铁心时注意不要接错引线，因为电烙铁有 3 个接线柱而其中一个是接地的，它直接与外壳相连。若接错引线可能使电烙铁外壳带电，被焊件也会带电，这样就会发生触电事故。

5）为延长烙铁头的使用寿命，应经常用湿布、浸水海绵擦拭烙铁头，以保持烙铁头良好的挂锡状态，并可防止残留的助焊剂对烙铁头的腐蚀。

任务实施

一、任务分析

常用电工工具有低压验电器、螺钉旋具、钢丝钳、尖嘴钳、断线钳、剥线钳、电工刀、活扳手、电烙铁等。本任务要求能识别常用电工工具，并能熟练掌握其使用方法，尤其要掌握手动焊接的操作工艺。

本任务的学习内容见表 2-2。

表 2-2 学习内容

任务名称	常用电工工具的使用	学习时间	4学时
任务描述	训练常用电工工具的使用		

二、具体任务实施

1. 低压验电器的使用训练

（1）实施方法　每组配备低压验电器，分组训练，分别用低压验电器来区分直流电和交流电、交流电的相线和中性线、直流电的正负极。

（2）实操练习

1）区别直流电与交流电。交流电通过低压验电器时，氖管里的两个极同时发光；直流电通过低压验电器时，氖管里两个极只有一个发光。

2）区别相线与中性线。在交流电路中，当低压验电器触及导线时，氖管发光即为相线，正常情况下，触及中性线是不会发光的。

3）区别直流电的正负极。把低压验电器连接在直流电的正、负极之间，氖管中发光的一极即为直流电的负极。

2. 螺钉旋具、活扳手、尖嘴钳、剥线钳等的使用训练

（1）实施方法

1）准备松木板若干块，不同尺寸螺钉若干粒，两种以上规格塑料绝缘铜芯导线若干，以备训练用。

2）训练前需要注意以下安全操作事项：

① 电工工具的绝缘层不可损坏。
② 螺钉旋具使用时，用力适当，以防刀口滑出伤手。
③ 电工刀使用时刀口必须向外，用力适当。
④ 活扳手不可反用。
⑤ 剥导线绝缘层时，不要损伤线芯。导线连接要正确、牢靠。

3）根据实训室的安排和要求进行操作。

（2）实操练习

1）识别常用电工工具。将常用电工工具的识别情况填至表2-3中。

表2-3　常用电工工具识别情况记录

序号	工具名称	型号规格	基本结构	主要用途	用法简述
1					
2					
3					
4					
5					
6					
7					
8					
9					
10					

2）常用电工工具使用训练。根据步骤和要求进行常用电工工具的使用训练。

3. 手动焊接训练

（1）实施方法

1）一人一工位，进行手工焊接训练。

2）焊接训练的基板为万能敷铜板，在相应基板上完成电子元器件的安装和相关连线的焊接。

（2）实操练习

1）领取单股铜导线，并正确使用电工工具，完成焊接前的相关准备。

2）领取练习用的万能敷铜板，以及若干电阻器、晶体管、集成块等元器件，清除铜导线表面氧化层，然后按照要求在万能敷铜板上完成相应的焊接安装。

3）完成实训报告。

三、任务评价

评分标准见表2-4。

表2-4 评分标准

考核内容	配分	评分标准	扣分	得分
低压验电器的使用	20分	判断错误，每项扣5分		
螺钉旋具、活扳手、剥线钳等工具的使用	30分	不按正确方法使用，每次扣5分		
手动焊接练习	50分	虚焊、焊接粗糙，每点扣1分		
工时	开始时间		结束时间	

注：违反安全文明生产规定实施倒扣分，每违反一次扣20分。

课后练习

1. 电工操作常用的电工工具有哪些？试简述其使用方法。

2. 有一照明电路，打开电源开关后，灯泡不亮，怎样用低压验电器来确定故障的位置？

3. 装有氖泡的低压验电器可以区分相线和中性线，也可以验出交流电或直流电，这个结论正确吗？为什么？

4. 验电时要做好哪些安全措施？

5. 常用电烙铁有哪几种？试简述各自的基本结构和工作原理。

6. 电烙铁的选用原则是什么？使用中应注意哪些问题？

7. 简述电烙铁的手工焊接要点及操作步骤。

任务二　万用表的使用

学习目标

※ **知识目标**

了解万用表的构造及工作原理，掌握其使用注意事项。

※ **技能目标**

熟练掌握万用表的正确使用方法。

※ **素质目标**

通过认识和使用万用表，体验学习电工技能的乐趣，提高学习电工知识与技能的兴趣。

知识准备

万用表是一种多用途、多量程、便携式电量测量仪表，可以用于测量交直流电流、交直流电压、电阻，以及音频信号电平、晶体管共发射极直流电流放大系数等参数。图 2-15 所示为 MF47 型万用表的面板图。

图 2-15　MF47 型万用表的面板图

一、万用表的使用方法

1. 测量直流电压

将转换开关转到直流电压档,将红、黑表笔分别插入"+""-"插座中,根据所测电压将转换开关置于相应的测量档位上。若所测量电压数值无法估计,可先用万用表的最高测量档位,指针若偏转很小,再逐级调低到合适的测量档位。测量时应注意正、负极不要搞错。

2. 测量交流电压

测量时,将转换开关转到交流电压档,测量交流电压不分正、负极,所需量程由被测量电压高低来确定。若电压不知,与直流电压测量方法一样,由高到低,逐级调到合适的档位。

3. 直流电流的测量

将红、黑表笔插入"+""-"插孔中。旋动转换开关到直流电流档范围内,并选择适合的档位,然后将万用表串接入被测量电路中。若万用表指针反偏,则将表笔"+""-"极对调。

4. 电阻的测量

将红表笔插入"+"插孔,黑表笔插入"-"插孔,把转换开关转到电阻档的适当位置。先将两表笔短接,旋动调零旋钮,使表针指在电阻刻度"0"处(如无法调至"0"处时,须更换电池),然后用表笔测量电阻,面板上有×1、×10、×100、×1k、×10k共5个档位的倍率数,将表头读数乘以倍率,就是所测量电阻的阻值。

二、万用表的使用注意事项

1)在使用万用表前,应先检查万用表是否调零,包括机械调零和电阻调零。测量电阻时,每换一次档都要重新调零。当一切正常后,才可开始测试。

2)测试时,要根据测量项目及估计的量程,将转换旋钮置在相应的位置上。除电阻档外,万用表的量程一般应选在比实测值高的量程档位上,如无法估计,则应选择最大量程,然后再根据测量情况进行调整。

3)由于有些刻度是非线性的,在测量电压或电流时,一般应选择指针超过2/3满量程位置上时读数,这样才较为准确。

4)测量电流时,万用表应串联于被测量电路中;测量电压时,万用表应并联于被测电路的两端。同时应注意表笔的正、负极性,红表笔应接在高电位,否则容易损坏万用表。一般来说,普通万用表无法测量幅度微小的高频交流信号。

5)测量电路板中的电阻时,必须将被测电阻与其他元件断开,并切断电路板上的电源。测量中,不能用手接触表笔的金属部分,以免人体电阻并入,引起测量误差。

6)不使用万用表时,应把转换开关放在电压最高档位上,防止下次使用时因忘记合理选择档位而误测高电压,将万用表损坏。若万用表长期不使用,应取出内部电池,以防电池漏液腐蚀内部电路而损坏万用表。

任务实施

一、任务分析

本任务以 MF47 型指针式万用表为例,首先了解万用表的面板结构与转换开关的档位功能。然后,进行万用表的读数练习,进而掌握万用表测量交流电压、直流电压、直流电流以及电阻的方法。

根据任务分析,设计万用表使用训练活动,按组备好指针式万用表 1 台、三相交流调压器 1 台(带电压表的)、直流稳压电源 2 台、220V/15V 变压器 1 只、测试用电阻器若干个(含低值与高值电阻器)、测试直流电流与电压用电路板 1 块、100mm 螺钉旋具 1 把。

本任务的学习内容见表 2-5。

表 2-5 学习内容

任务名称	万用表的使用	学习时间	4 学时
任务描述	训练指针式万用表测量交流电压、直流电压、直流电流以及电阻		

二、具体任务实施

1. 万用表的面板结构与转换开关的档位功能训练

(1)实施方法　两人一组一表,相互合作,相互指导。一人操作,一人观察评价。一轮完成后,互换角色,重复进行。

(2)实操练习

1)观察万用表的面板,明确各部分的名称与作用。

2)观察转换开关各档位的功能。

3)用螺钉旋具调节机械调零旋钮,并将指针调准在零位。

注意:调整的幅度要小,动作要慢,掌握方法即可。

4)拆开电池盒盖,学会安装电池。

2. 万用表的表盘标尺的意义与读数训练

(1)实施方法　两人一组一表,相互合作,相互指导。一人提问,一人观察回答。一轮完成后,互换角色,重复进行。

(2)实操练习

1)观察表盘,明确各标尺的意义、最大量程与刻度的特点。

2)进行各电量及各档位的读法训练。

3. 用万用表测量直流电流与直流电压训练

(1)实施方法　两人一组,相互合作,相互指导。一人操作,一人观察评价。一轮完成后,互换角色,重复进行。

（2）实操练习

1）接通直流稳压电源，将稳压电源的输出电压调至9V（用万用表测得）。

2）按图2-16所示接线，选择万用表直流电压档和直流电流档，测出有关数据，并填入表2-6中。

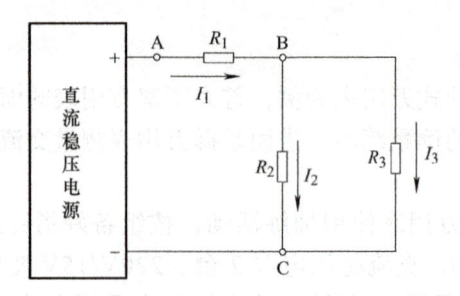

图2-16 直流电压、直流电流测量实验电路图

表2-6 所测直流电压与直流电流

电阻	电压/V			电流/mA			备注
	U_{AB}	U_{BC}	U_{AC}	I_1	I_2	I_3	
$R_3=2k\Omega$ $R_1=R_2=100\Omega$							用直流电压10V档和直流电流50mA档测量
							用直流电压50V档和直流电流500mA档测量
$R_3=47k\Omega$ $R_1=R_2=10k\Omega$							用直流电压10V档和直流电流50mA档测量
							用直流电压50V档和直流电流500mA档测量

注意：测量时要严格按照安全文明生产规定操作，测量完毕应关闭电源。

4. 用万用表测量交流电压训练

（1）实施方法 两人一组，相互合作，相互指导。一人操作，一人观察评价，并做好安全保护工作。一轮完成后，互换角色，重复进行。

（2）实操练习

1）检查交流电源的电压值。将万用表转换开关旋至交流500V档，测量电源电压U。

2）按图2-17所示接线，根据表2-7中的要求，选择适当的万用表测出有关数据，并填入表中。

注意：测量前需经教师检查后方可进行。

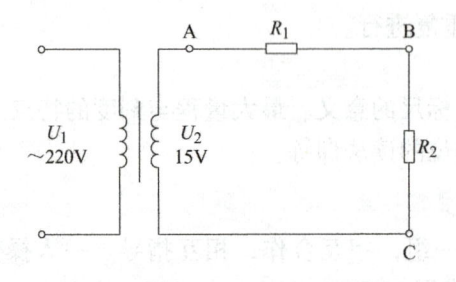

图2-17 交流电压测量实验电路图

表 2-7 所测交流电压

电阻	电压 /V			备注
	U_{AB}	U_{BC}	U_{AC}	
$R_1=R_2=100\Omega$				用交流电压 50V 档测量
$R_1=R_2=20\Omega$				用交流电压 50V 档测量

5. 用万用表测量电阻训练

（1）实施方法　一人一表，独立操作。测量完成，组内交流，并相互评价。

（2）实操练习

1）将万用表转换开关旋至电阻档，选取 5 个不同电阻值的电阻器，并根据电阻值大小调整量程，每次调整量程后都要重新调零。

2）完成表 2-8 中要求的测量，并将数据记入表中。

表 2-8 所测数值

电阻器编号	单位	标称值	测量值
1			
2			
3			
4			
5			

三、任务评价

评分标准见表 2-9。

表 2-9 评分标准

考核内容	配分	评分标准	扣分	得分
万用表的面板结构与转换开关的档位功能训练	12 分	操作错误，每项扣 5 分		
表盘标尺的意义与读数训练	13 分	操作错误，每项扣 5 分		
直流电流与直流电压测量训练	25 分	操作错误，每项扣 5 分		
交流电压测量训练	25 分	操作错误，每项扣 5 分		
电阻测量训练	25 分	操作错误，每项扣 5 分		
工时	开始时间		结束时间	

注：违反安全文明生产规定实施倒扣分，每违反一次扣 20 分。

> 课后练习

1. 万用表在测量电压时,应如何接入被测电路?测量时要注意的事项有哪些?
2. 万用表在测量电流时,应如何接入被测电路?测量时要注意的事项有哪些?
3. 用万用表测量电压、电流时,在不知被测量有多大时,应如何选择量程?
4. 用万能表测量电阻时,应注意哪些事项?能否允许带电测量?为什么?
5. 怎样用万用表测试电位器?实际做一做,总结什么样的电位器质量好。
6. 带电测量时,为什么不宜拨动转换开关?

任务三 钳形电流表的使用

学习目标

※ 知识目标
了解钳形电流表的测量方法与安全注意事项。

※ 技能目标
掌握钳形电流表测量交流电流的方法。

※ 素质目标
通过认识和使用钳形电流表,拓展专业视野,增强专业认识。

知识准备

钳形电流表的使用

一、钳形电流表的结构及工作原理

钳形电流表是一种携带方便、可以在不断开电路时直接测量电流的仪表。钳形电流表是一种特制电流互感器,其铁心用绝缘柄分开可卡住被测电流的母线或导线,装在钳体上的电流表接到装在铁心上的二次绕组两端。其外形和结构如图 2-18 所示。

钳形电流表就是利用电磁感应的原理,将需要测量的导线钳进钳形电流表的由硅钢片叠成的铁心边,这时钳住的那根导线就相当于电流互感器的一匝线圈,属于一次绕组,有电流通过时,就会在钳形电流表中的二次绕组里感应出二次电流,在钳形电流表的表盘上就可以读出该次测量的导线电流。

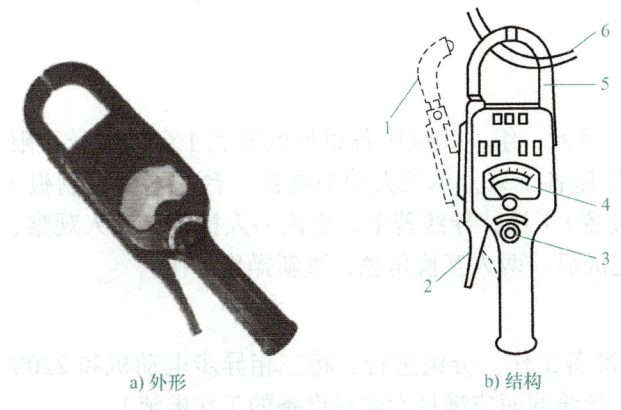

项目二　常用电工工具与仪表操作技能

a) 外形　　　　　　　　b) 结构

图 2-18　钳形电流表的外形和结构

1—可开合钳口　2—手柄　3—量程转换开关　4—表盘　5—铁心　6—被测电流的导线

二、钳形电流表的使用方法

使用钳形电流表测量前，先估算电流的大小，将量程转换开关转到合适位置，捏紧钳形电流表的扳手，其电流互感器的铁心便可张开，将被测电流的导线穿过铁心张开缺口；放松扳手，铁心闭合，被测电流产生的感应磁场使电流互感器产生感应电流，带动表盘指针发生偏转，指示出被测电流的数值。测量小电流时，读数困难且误差大，可将导线在铁心上绕几匝，再将读得的电流数除以匝数，即得实际的电流值。

三、使用注意事项

1）钳形电流表不允许测高压电路的电流。
2）改变量程时，需将被测电流的导线退出钳口，不能带电旋转量程转换开关。
3）不能用于测量裸导线电流的大小。

任务实施

一、任务分析

本任务应首先了解钳形电流表的使用方法与安全要求，在此基础上掌握钳形电流表在不断开电路的情况下直接测量电流的方法。

本任务的测量对象为三相异步电动机和大功率电器，具有一定的危险性，所以相应的测量一定要注意安全，按规范进行操作，同组同学要相互配合，做好安全保护工作。

本任务的学习内容见表 2-10。

表 2-10　学习内容

任务名称	钳形电流表的使用	学习时间	3学时
任务描述	使用钳形电流表测量给定电路中的电流大小		

二、具体任务实施

1. 实施方法

根据任务分析,两人一组,每组配备钳形电流表1台(型号不限),三相异步电动机1台,220V灯泡与灯座各1只,单相大功率电器一台,电源控制板(应设三相、单相控制开关与漏电保护装置)1块,导线若干。组内一人操作,一人观察、记录和做好安全保护工作。一轮操作完成后,两人互换角色,重新操作一次。

2. 实操练习

1)任务前分组准备工作。分组进行,将三相异步电动机和220V灯泡用稍长的导线接在电源控制板上(导线截面应满足大容量设备的工作电流)。

2)测量三相电动机的空载电流。安全检查后将电动机的电源开关合上,电动机空载运转,将钳形电流表量程转换开关拨到合适的档位,将电动机电源线逐根卡入钳形电流表中,分别测量电动机的三相空载电流。

注意:电动机底座应固定好,合上电源前应做安全检查,运动中若电动机声音不正常或有较大的颤动,应马上关闭电动机电源。

3)测量三相电动机起动电流。关闭电动机电源使电动机停转,将钳形电流表量程转换开关拨到合适的档位(按电动机额定电流值5~7倍估计),然后将电动机的一相电源线卡入钳形电流表中,在合上电动机电源开关的同时立刻观察钳形电流表的读数变化(起动电流值)。

注意:电动机短时间内多次连续起动会使电动机发热,因此,应集中注意力观察起动瞬间的电流值,争取一次成功;测量完毕应马上断开电动机电源开关。

4)测量大电流单相用电设备的电流。安全检查后将大电流单相用电设备的电源开关合上,选择合适的档位,用钳形电流表分别测量大电流设备的两根电源线的电流值。

注意:电热设备通电时,会产生很高的温度,要做好安全防护措施。

5)测量灯光的工作电流。将灯泡的两根电源线分别卷3~5圈,安全检查后将220V灯泡的开关电源合上,选择合适的档位,用钳形电流表分别测量灯泡两根电源的电流值,将测得的电流值除以圈数算出流过灯泡的实际电流值。

6)将全部电源关闭,放好仪表。

三、任务评价

评分标准见表2-11。

表2-11 评分标准

考核内容	配分	评分标准	扣分	得分
测量三相电动机的空载电流	35分	操作错误,每项扣10分		
测量三相电动机起动电流	35分	操作错误,每项扣10分		
测量大电流单相用电设备的电流	30分	操作错误,每项扣10分		
工时		开始时间	结束时间	

注:违反安全文明生产规定实施倒扣分,每违反一次扣20分。

> 课后练习

1. 简述钳形电流表的结构。
2. 钳形电流表是根据什么原理制成的？
3. 简述钳形电流表的使用方法。
4. 钳形电流表在使用中应注意哪些事项？

任务四　绝缘电阻表的使用

学习目标

※ 知识目标

了解绝缘电阻表的测量方法与安全注意事项。

※ 技能目标

掌握绝缘电阻表测量电气设备绝缘电阻的方法。

※ 素质目标

通过认识和使用绝缘电阻表，培养专业情感，提高学习兴趣。

知识准备

绝缘电阻表表面上标有符号"MΩ"（兆欧），是测量高电阻的仪表。一般用来测量电动机、电缆、变压器和其他电气设备的绝缘电阻。设备投入运行前，绝缘电阻应该符合要求。为了保证电气设备的正常运行和人身安全，必须定期对电动机、变电器及供电电路的绝缘性能进行检测。

绝缘电阻表的检查与检测

一、绝缘电阻表的结构

绝缘电阻表（见图2-19）由一个手摇发电机、表头和3个接线端子（即 L—线路端、E—接地端、G—屏蔽端）组成，G端也称保护环。

现在比较流行的还有电子绝缘电阻表，如图2-20所示。

电工基本技能

接地端　　　线路端
　　　　　　屏蔽端

图 2-19　绝缘电阻表

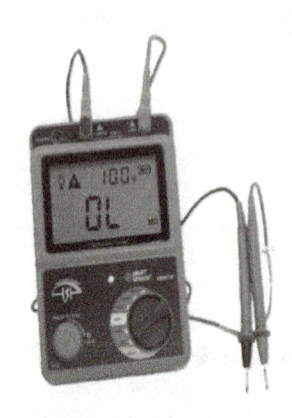

图 2-20　电子绝缘电阻表

二、绝缘电阻表的选择

选用绝缘电阻表时,主要是选择绝缘电阻表的电压及测量范围。其额定电压一定要与被测电气设备或电路的工作电压相适应,绝缘电阻表的测量范围也应与被测绝缘电阻的范围相适应,以免读数时产生较大的误差。

注意:有些绝缘电阻表的起始刻度不是零,而是 1MΩ 或者 2MΩ,不宜用其测量处于潮湿环境中的低压电气设备的绝缘电阻,因其绝缘电阻较小,有可能小于 1MΩ,在仪表上读不到读数,容易误认为绝缘电阻为 1MΩ 或为零值。

三、绝缘电阻表的使用方法

绝缘电阻表上有 3 个接线端子,一个是线路端(L),一个是接地端(E),在测量电缆时要用到屏蔽端(G)。用绝缘电阻表测量电路对地绝缘电阻时,L 端接电路、E 端接地;测量照明电路绝缘电阻时,应把灯泡卸下来。用绝缘电阻表测量电缆绝缘电阻时,如遇潮湿天气,为避免电缆芯与外皮切口表面漏电对测量结果造成影响,可在电缆绝缘表面绕上几匝导线,接到 G 端上。

使用绝缘电阻表测量时,用表夹夹住被测物体上选出的两个极点,以 120r/min 的速度均匀摇动手柄,表内的手摇直流发电机能发出较高的电压,测量出被测物体在规定电压下的绝缘性。

任务实施

一、任务分析

用万用表来测量设备的绝缘电阻，测的只是在低压下的绝缘电阻，不能反映设备在高压条件下工作时的绝缘性能。绝缘电阻表本身能产生 500～5000V 高压电源，因此，用绝缘电阻表测量绝缘电阻，能得到符合实际工作条件的绝缘电阻值。按电压分类，绝缘电阻表通常有 500V、1000V、2500V 等。高压电气设备绝缘电阻要求高，须选用电压高的绝缘电阻表进行测试；同理，低压电气设备所能承受的电压不高，为了保证设备安全，应选择电压低的绝缘电阻表。本任务要明确绝缘电阻表测量低压电器的方法与注意事项，掌握用绝缘电阻表测量高压电缆的方法与安全注意事项。

本任务的学习内容见表 2-12。

表 2-12　学习内容

任务名称	绝缘电阻表的使用	学习时间	4 学时
任务描述	训练绝缘电阻表测量绝缘电阻		

二、具体任务实施

1. 实施方法

本任务采用 500V 绝缘电阻表和 1000V 绝缘电阻表各 1 台、三相异步电动机（380V）1 台、高压电缆头 1 个、高压验电器与高压绝缘棒各 1 支，分组进行三相异步电动机的相间绝缘电阻测量训练和高压电缆头相间绝缘电阻与对地绝缘电阻测量训练。两人一组，相互配合。一人操作，一人观察、记录并做好安全保护。一轮操作完成后，两人互换角色，重新操作一次。

2. 实操练习

（1）三相异步电动机的相间绝缘测量训练　使用 500V 绝缘电阻表测量三相异步电动机的相间绝缘电阻。

1）将电动机切断电源，把接线盒内的电动机绕组的 6 条引出线拆开（如无记号应先做好记号，以便测试后恢复接好）。

2）按要求验表。

3）用绝缘电阻表测量电动机的三相相间绝缘电阻值。

（2）高压电缆头相间绝缘电阻与对地绝缘电阻测量训练　使用 1000V 绝缘电阻表测量高压电缆头相间绝缘电阻与对地绝缘电阻。

1）按要求验表。

2）模拟高压停电、验电、放电及操作保护的安全措施（边操作边口述）。

3）用 1000V 绝缘电阻表测量高压电缆头的相间绝缘电阻值与对地绝缘电阻值，并记录测量数据。

三、任务评价

评分标准见表2-13。

表2-13 评分标准

考核内容	配分	评分标准	扣分	得分
三相电动机的相间绝缘电阻测量训练	50分	操作错误，每项扣10分		
高压电缆头相间绝缘电阻与对地绝缘电阻测量	50分	操作错误，每项扣10分		
工时		开始时间	结束时间	

注：违反安全文明生产规定实施倒扣分，每违反一次扣20分。

课后练习

1. 绝缘电阻表由哪几部分组成？试说明绝缘电阻表的使用注意事项。
2. 简述绝缘电阻表在测量绝缘电阻时应如何接线。
3. 使用绝缘电阻表测量绝缘电阻时，是否允许带电测量？应如何选用绝缘电阻表？

项目三　电工基本操作工艺训练

任务一　导线绝缘层的剥削

学习目标

※ **知识目标**

了解导线的基本分类与常用型号。
了解常用导线绝缘层的剥削工具。

※ **技能目标**

学会各种导线绝缘层的剥削方法与步骤。

※ **素质目标**

通过了解导线的基本分类和型号，提升专业情感。
通过导线绝缘层的剥削练习，提升专业能力，培养职业意识。

知识准备

一、导线的分类和应用

导线用来连接各种电气设备组成通路，分为电磁线和电力线两大类。电磁线用来制作各种绕组，如制作变压器、电动机和电磁铁中的绕组。电力线则用来将各种电路连接成通路。

1. 电磁线

按绝缘材料分类，电磁线有漆包线、丝包线、丝漆包线、纸包线、玻璃纤维包线和纱包线等；按截面的几何形状分类，电磁线有圆形和矩形两种；按导线线芯的材料分类，电磁线有铜芯和铝芯两种。

2. 电力线

电力线分为绝缘导线和裸导线两大类。

绝缘导线种类很多，常用的有塑料硬线、塑料软线、塑料护套线、橡皮线、棉线编织橡皮软线（即花线）、橡套软线和铅包线，以及各种电缆等。

常用的裸导线有铝绞线和钢芯铝绞线两种。钢芯铝绞线的强度较高，用于电压较高或档距较大的电路上，低压电路一般多采用铝绞线。

二、常用的剥削工具

1. 电工刀

电工刀主要用于剥削导线的绝缘外层，切割木台缺口和削制木楔等。使用电工刀进行剥削作业时，应将刀口朝外；剥削导线绝缘外层时，应使刀面与导线成较小的锐角，以防损伤导线；电工刀使用时应注意避免伤手；使用完毕后，应立即将刀身折进刀柄；因为电工刀刀柄是无绝缘保护的，所以，绝不能在带电导线或电气设备上使用，以免触电。

2. 剥线钳

剥线钳是用于剥除较小直径导线、电缆的绝缘层的专用工具，其手柄是绝缘的，绝缘性能为500V。剥线钳的使用方法十分简便，确定要剥削的绝缘长度后，即可把导线放入相应的切口中（直径$\phi0.5\sim\phi3mm$)，用手将钳柄握紧，导线的绝缘层即被拉断后自动弹出。

三、导线绝缘层的剥削

1. 塑料硬线的剥削

导线端头绝缘层的剥削通常采用电工刀，但截面积为$4mm^2$及以下的塑料硬线绝缘层可用尖嘴钳或剥线钳；导线中间绝缘层的剥削只能采用电工刀。

2. 塑料软线绝缘层的剥削

塑料软线绝缘层的剥削除用剥线钳外，仍可用钢丝钳直接剥削截面积为$4mm^2$及以下的导线。方法与用钢丝钳剥削塑料硬线绝缘层相同。

3. 塑料护套线绝缘层的剥削

塑料护套线只有端头连接，不允许进行中间连接。其绝缘层分为外层的公共护套层和内部芯线的绝缘层。公共护套层通常都采用电工刀剥削。

4. 花线绝缘层的剥削

花线的结构比较复杂，多股铜质细芯线先由棉纱包扎层裹捆，接着是橡胶绝缘层，外面还套有棉织管（即保护层）。剥削工具采用电工刀和钢丝钳，剥削要求是橡胶绝缘层比棉织管长约10mm，多股铜质细芯线外裹捆的棉纱包扎层要去掉。具体方法见实操练习。

5. 橡套软电缆绝缘层的剥削

用电工刀从端头任意两芯线缝隙中割破部分护套层,然后把已分成两片的护套层连同芯线(分成两组)一起反向分拉,以撕破护套层,直到所需长度。再将护套层向后扳翻,在根部分别切断。

6. 铅包线护套层和绝缘层的剥削

铅包线绝缘层分为外部铅包层和内部芯线绝缘层。剥削顺序是先断铅包层,再削绝缘层。**注意:** 绝缘层要比铅包层长约 10mm。具体方法见实操练习。

任务实施

一、任务分析

本任务首先要求掌握正确使用导线绝缘层剥削工具,然后通过设计不同类型的导线绝缘层剥削训练,掌握其方法。

本任务的学习内容见表 3-1。

表 3-1 学习内容

任务名称	导线绝缘层的剥削	学习时间	4 学时
任务描述	训练导线绝缘层的剥削方法		

二、具体任务实施

1. 实施方法

根据任务分析,按组配备电工刀、钢丝钳,不同截面的塑料硬线、塑料护套线、橡皮线、花线、铅包线等各种导线若干段;设计剥削导线绝缘层训练活动,并按训练步骤将有关数据填入表 3-2 中。

表 3-2 训练数据

序号	导线种类	导线规格	剥削长度	剥削工艺要点
1	塑料硬线			
2	塑料护套线			
3	橡皮线			
4	花线			
5	铅包线			

2. 实操练习

(1)塑料硬线绝缘层的剥削

1)截面积不大于 $4mm^2$ 的塑料硬线。用钢丝钳剥削绝缘层步骤如下:

① 根据所需线头长度用钢丝钳刀口切割绝缘层，注意用力适度，不可损伤芯线。
② 左手抓牢电线，右手握住钢丝钳用力向外拉动，即可剥下塑料绝缘层。
③ 剥削完成后，检查线芯是否完整无损，如损伤较大，应重新剥削。
2) 截面积大于 $4mm^2$ 的塑料硬线。用电工刀来剥削绝缘层步骤如下：
① 根据所需线头长度，用电工刀以约 45° 倾斜切入塑料绝缘层，注意用力适度，避免损伤芯线。
② 使刀面与芯线保持 25° 左右，用力向线端推削，在此过程中应避免电工刀切入芯线，只削去上面一层塑料绝缘。
③ 最后将塑料绝缘层向后翻起，用电工刀齐根切去。
电工刀剥削塑料硬线绝缘层如图 3-1 所示。

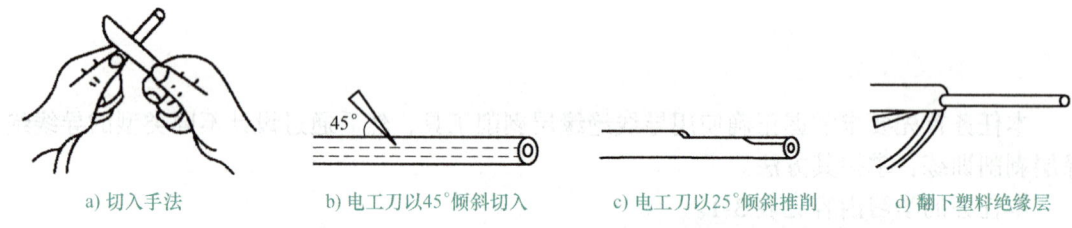

a) 切入手法　　b) 电工刀以45°倾斜切入　　c) 电工刀以25°倾斜推削　　d) 翻下塑料绝缘层

图 3-1　电工刀剥削塑料硬线绝缘

（2）塑料护套线绝缘层的剥削　必须用电工刀来完成，剥削方法如下：
1) 按所需长度，用电工刀刀尖沿芯线中间缝隙划开护套层。
2) 向后翻起护套层，用电工刀齐根切去。
3) 在距离护套层 5～10mm 处，将电工刀以 45° 倾斜切入绝缘层，其他剥削方法与塑料硬线绝缘层的剥削方法相同。
塑料护套线绝缘层的剥削如图 3-2 所示。

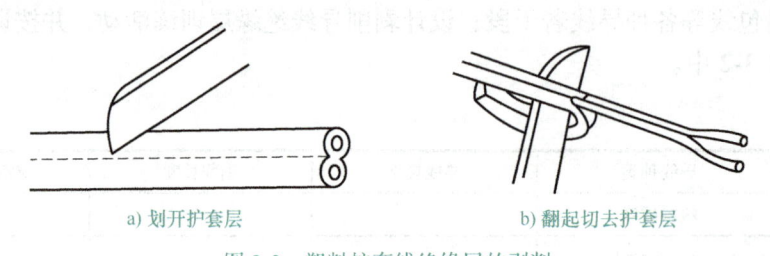

a) 划开护套层　　b) 翻起切去护套层

图 3-2　塑料护套线绝缘层的剥削

（3）其他类型导线绝缘层的剥削
1) 橡皮线绝缘层的剥削方法和步骤。
① 把橡皮线编织保护层用电工刀划开，其方法与剥削塑料护套线的护套层方法类似。
② 用剥削塑料硬线绝缘层相同的方法剥去橡胶绝缘层。
③ 剥离棉纱层至根部，并用电工刀切去。
橡皮线绝缘层的剥削如图 3-3 所示。

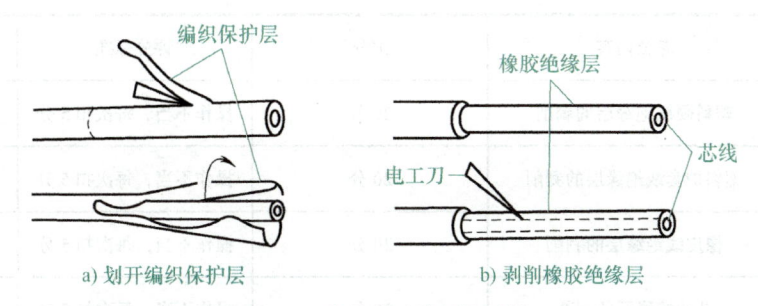

a) 划开编织保护层　　　　　　　　b) 剥削橡胶绝缘层

图 3-3　橡皮线绝缘层的剥削

2）花线绝缘层的剥削。

① 根据所需剥削长度，用电工刀在导线外表织物保护层割切一圈，并将其剥离。

② 距织物保护层 10mm 处，用钢丝钳刀口切割橡皮绝缘层。

注意：不能损伤芯线，拉下橡皮绝缘层。

③ 将漏出的棉纱层松散开，用电工刀割断。

花线绝缘层的剥削如图 3-4 所示。

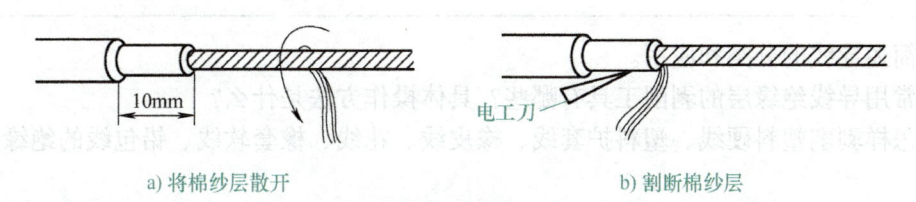

a) 将棉纱层散开　　　　　　　　b) 割断棉纱层

图 3-4　花线绝缘层的剥削

3）铅包线绝缘层的剥削。

① 用电工刀围绕铅包线绝缘层切割一圈。

② 双手来回扳动切口处，使外层铅包层沿切口处折断，把外层铅包层拉出来。

③ 铅包线内部绝缘层的剥削方法与塑料硬线绝缘层的剥削方法相同。

铅包线绝缘层的剥削如图 3-5 所示。

a) 按所需长度剥削　　b) 折断并拉出外部铅包层　　c) 剥削内部绝缘层

图 3-5　铅包线绝缘层的剥削

三、任务评价

评分标准见表 3-3。

表 3-3 评分标准

序号	考核内容	配分	评分标准	扣分	得分
1	塑料硬线绝缘层的剥削	20 分	操作不当，每次扣 5 分		
2	塑料护套线绝缘层的剥削	20 分	操作不当，每次扣 5 分		
3	橡皮线绝缘层的剥削	20 分	操作不当，每次扣 5 分		
4	花线绝缘层的剥削	20 分	操作不当，每次扣 5 分		
5	铅包线绝缘层的剥削	20 分	操作不当，每次扣 5 分		
工时		开始时间	结束时间		

注：违反安全文明生产规定实施倒扣分，每违反一次扣 20 分。

课后练习

1. 简述导线的分类和应用。
2. 常用导线绝缘层的剥削工具有哪些？具体操作方法是什么？
3. 怎样剥削塑料硬线、塑料护套线、橡皮线、花线、橡套软线、铅包线的绝缘层？

任务二　导线的连接

学习目标

※ 知识目标

熟悉单芯铜导线的直线和分支连接方法与工艺要求。
熟悉多芯导线的直线和分支连接方法与工艺要求。

※ 技能目标

学会单芯铜导线的直线和分支连接方法。
学会多芯导线的直线和分支连接方法。

※ 素质目标

通过导线的连接训练，提高专业意识和专业情感。

项目三　电工基本操作工艺训练

知识准备

一、对导线连接的基本要求

（1）连接可靠　接头连接牢固、接触良好、电阻小、稳定性好。接头的电阻值不大于相同长度导线的电阻值。

（2）强度足够　接头机械强度不小于导线机械强度的80%。

（3）接头美观　接头整体规范、美观。

（4）耐腐蚀　接头要防止电化腐蚀。对于铜与铝导线的连接，应采用铜铝过渡，如用铜铝接头。

（5）绝缘性能好　接头绝缘强度应与导线绝缘强度一致。

二、导线的连接方法

1）小截面单股铜导线的连接方法。如图3-6所示，单股铜导线直线连接时，将两导线的芯线线头做X形交叉，相互缠绕2～3圈后扳直两线头，然后将每个线头在另一芯线上紧贴密绕5～6圈，剪去多余线头，将线头处理平整。

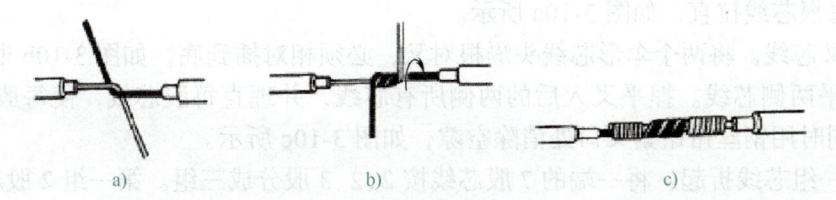

图3-6　单股铜导线直线连接

2）大截面单股铜导线的连接方法。如图3-7所示，先在两导线的芯线重叠处插入一根相同直径的芯线，再用一根截面约1.5mm²的裸铜线在其上紧密缠绕，缠绕长度为导线直径的10倍左右，然后将被连接导线的芯线线头分别折回，将两端缠绕的裸铜线继续缠绕5～6圈，最后剪去多余线头。

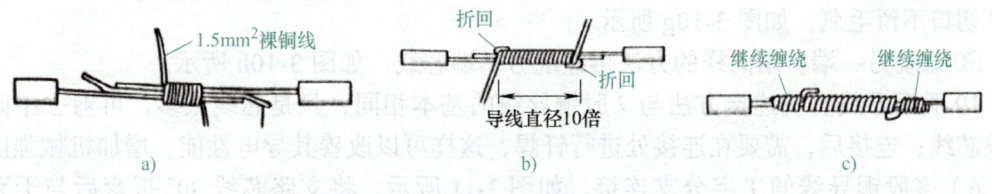

图3-7　大截面单股铜导线直线连接

3）不同截面单股铜导线的连接方法。如图3-8所示，先将细导线的芯线在粗导线的芯线上紧密缠绕5～6圈，然后将粗导线芯线的线头折回紧压在缠绕层上，再用细导线芯线在其上继续缠绕3～4圈，最后剪去多余线头。

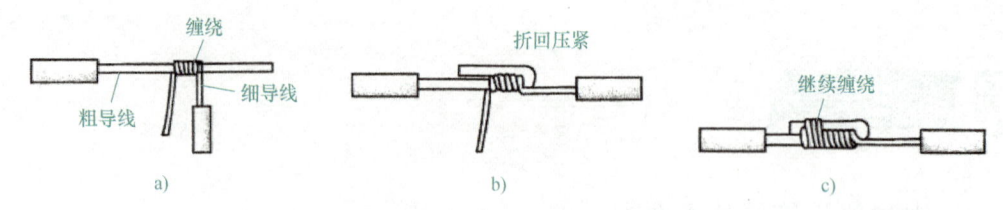

图 3-8 不同截面单股铜导线直线连接

4）单股铜导线分支连接。如图 3-9 所示，将支路芯线的线头紧密缠绕在干路芯线上 5～8 圈，然后剪去多余线头。对于较小截面积的芯线，可先将支路芯线的线头在干路芯线上打一个环绕结，再紧密缠绕 5～8 圈后剪去多余线头即可。

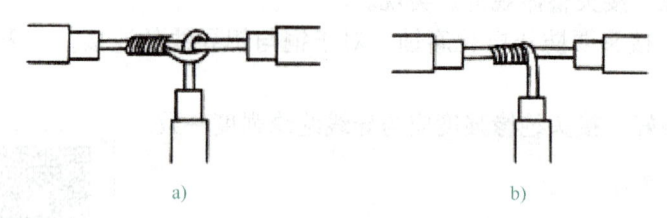

图 3-9 单股铜导线分支连接

5）多股铜导线直线连接。7 股铜导线直线连接方法如下：

① 剥削绝缘层。剥削 7 股铜导线的绝缘层，长度约为导线直径的 21 倍左右，将剥去绝缘层的芯线散开并拉直，把靠近根部 1/3 线段的芯线绞紧，余下的 2/3 芯线头分散成伞状，并将每根芯线拉直，如图 3-10a 所示。

② 对叉芯线。将两个伞形芯线头隔根对叉，必须相对插到底，如图 3-10b 所示。

③ 理平两侧芯线。捏平叉入后的两侧所有芯线，并理直每股芯线，使每股芯线的间隔均匀，同时用钢丝钳钳紧叉口处消除空隙，如图 3-10c 所示。

④ 第一组芯线折起。将一端的 7 股芯线按 2、2、3 股分成三组。第一组 2 股芯线扳起，垂直于芯线，如图 3-10d 所示。

⑤ 缠绕第一组芯线。将第一组芯线按顺时针方向紧密缠绕 2 圈，然后余下的芯线向右扳直，如图 3-10e 所示。

⑥ 缠绕第二组线芯。把第二组的 2 股芯线向上扳直，也按顺时针方向紧紧压着前 2 股扳直的芯线缠绕 2 圈，余下的芯线向右扳直，如图 3-10f 所示。

⑦ 缠绕第三组芯线。第三组的 3 股芯线也按同样的方法缠绕 3 圈，然后剪去余端，钳平切口不留毛刺，如图 3-10g 所示。

⑧ 缠绕另一端。用同样的方法再缠绕另一端芯线，如图 3-10h 所示。

19 股铜导线直线连接方法与 7 股铜导线的基本相同，只是芯线太多，可剪去中间的几根芯线；连接后，需要在连接处进行钎焊，这样可以改善其导电性能，增加机械强度。

6）多股铜导线的 T 字分支连接。如图 3-11 所示，将支路芯线 90° 折弯后与干路芯线并行，然后将线头折回并紧密缠绕在芯线上。19 股铜导线 T 字分支连接方法与 7 股铜导线基本相同。将支路导线的芯线分成 10 股和 9 股两组，把 10 股芯线那组插入干线中绕制。

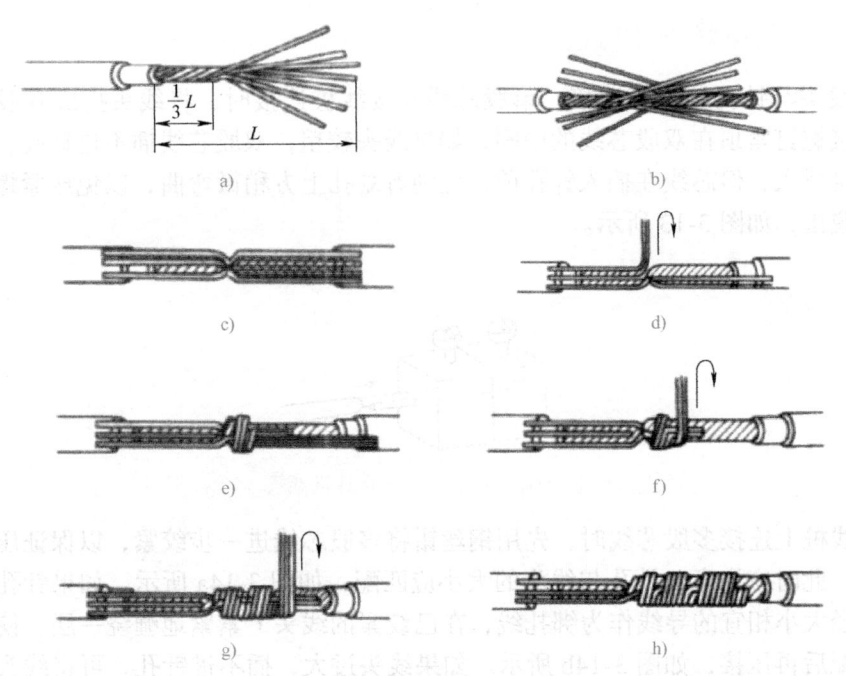

图 3-10　7 股铜导线直线连接

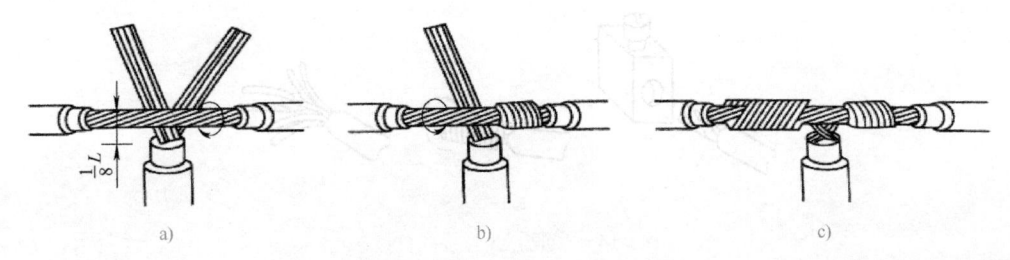

图 3-11　多股铜导线 T 字分支连接

7) 连接软线和单股硬导线时,可先将软线拧成成股导线,再在单股硬导线上缠绕 7～8 圈,最后将单股硬导线向后弯曲,以防止绑线脱落。

8) 铝芯导线连接如图 3-12 所示。

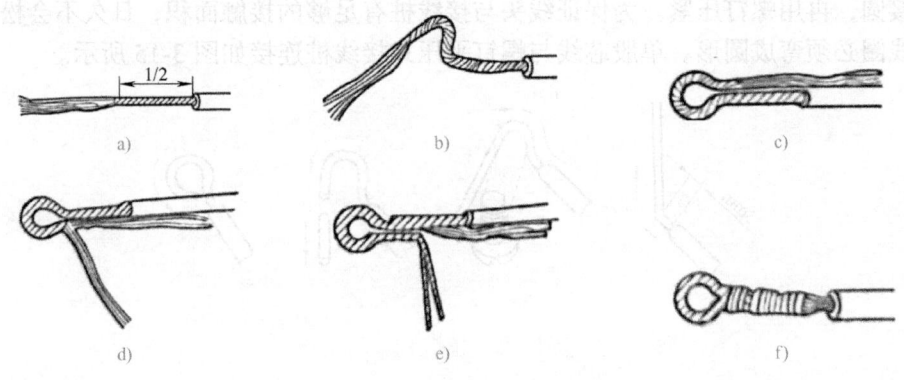

图 3-12　铝芯导线连接

三、线头与接线桩（接线端子）连接

（1）线头与针孔接线桩连接　单股芯线与接线桩连接时，将线头折成双股并排插入针孔，压接螺钉紧顶在双股芯线的中间，如果线头较粗，双股芯线插不进针孔，也可将单股芯线直接插入，但芯线在插入针孔前，应朝着划孔上方稍微弯曲，以免压紧螺钉稍有松动线头就脱出，如图 3-13 所示。

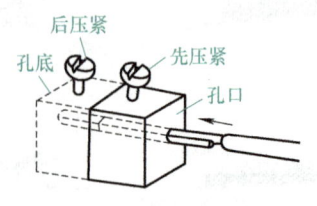

图 3-13　单股芯线与接线桩连接

在接线桩上连接多股芯线时，先用钢丝钳将多股芯线进一步绞紧，以保证压接螺钉时不致松散。此时应注意，针孔与线头的大小应匹配，如图 3-14a 所示。如果针孔过大，可选一根直径大小相宜的导线作为绑扎线，在已绞紧的线头上紧紧地缠绕一层，使线头大小与针孔匹配后再压接，如图 3-14b 所示。如果线头过大，插不进针孔，可将线头散开，适量剪去中间几股，如图 3-14c 所示，然后将线头绞紧即可压接。

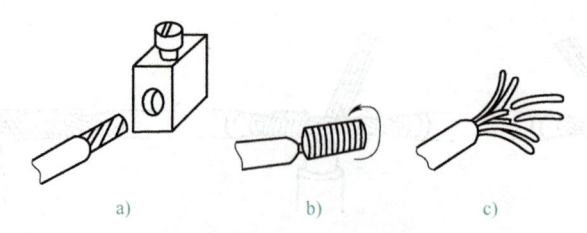

图 3-14　多股芯线与接线桩连接

注意： 无论是单股芯线还是多股芯线，线头插入针孔时必须插到底，导线绝缘层不得插入孔内，针孔外的裸线头长度不得超过 3mm。

（2）线头与螺钉平压式接线桩连接　单股芯线与螺钉平压式接线桩是利用半圆头、圆柱头或六角头螺钉加垫圈将线头压紧完成连接的。对载流量较小的单股芯线，先将线头变成压接圆，再用螺钉压紧。为保证线头与接线桩有足够的接触面积，日久不会松动或脱落，压线圈必须弯成圆形。单股芯线与螺钉平压式接线桩连接如图 3-15 所示。

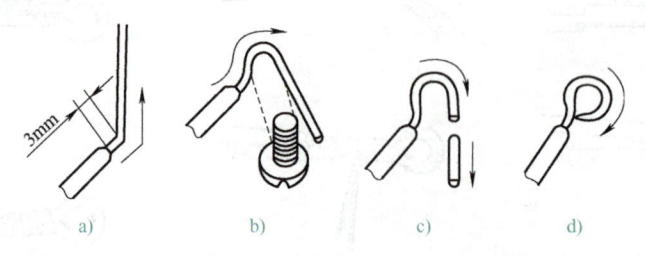

图 3-15　单股芯线与螺钉平压式接线桩连接

（3）线头与瓦形接线桩连接　瓦形接线桩的垫圈为瓦形，为了保证线头不从瓦形接线桩内滑出，压接前应先将已去除氧化层和污物的线头弯成 U 形，然后将其卡入瓦形接线桩内压接。如果需要把两个线头接入一个瓦形接线桩内，则应使两个弯成 U 形的线头重合，然后将其卡入瓦形垫圈下方压接，如图 3-16 所示。

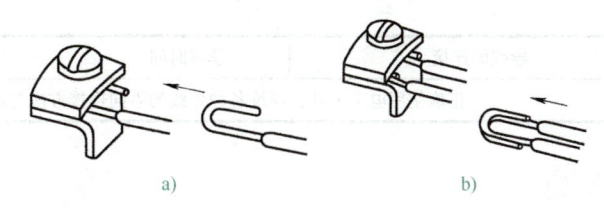

图 3-16　线头与瓦形接线桩连接

四、铜芯导线接头处的锡焊处理

（1）电烙铁锡焊　如果铜芯导线截面积不大于 100mm²，其接头可用 150W 电烙铁进行锡焊。先将接头上涂一层无酸焊锡膏，待电烙铁加热后，再锡焊。

（2）浇焊　对于截面积大于 16mm² 的铜芯导线接头，常采用浇焊法。首先将放入锡锅内的焊锡用喷灯或电炉熔化，待表面呈磷黄色时，说明焊锡已经达到高热状态，然后将涂有无酸焊锡膏的导线接头放在锡锅上面，用勺盛上熔化的锡，从接头上面持续浇下，使接头处温度提高，直到全部缝隙焊满为止，最后用抹布擦去焊渣。

五、导线的封端

安装好的配线最终要与电气设备相连，为了保证导线线头与电气设备接触良好并具有较强的机械性能，对于多股铝线和截面积大于 2.5mm² 的多股铜线，都必须在导线终端焊接或压接一个接线端子，再与设备相连，这种工艺过程称为导线的封端。

（1）锡焊法　适用于铜导线与接线端子的封端。方法是：先除去线头表面和接线端子孔内表面的氧化层和污物，分别在焊接面上涂上无酸焊锡膏，在线头上先搪一层锡，并将适量焊锡放入接线端子孔内，用喷灯对接线端子加热，待焊锡熔化时，趁热将搪锡线头插入端子孔内，继续加热，直到焊锡完全渗透到芯线缝中，并灌满线头与接线端子孔内壁之间的间隙，方可停止加热。

（2）压接法　适用于铜导线或铝导线与接线端子的封端（但多用于铝导线的封端）。方法是：把表面清洁且已加工好的线头直接插入内表面已清洁的接线端子孔中，然后用压接钳对线头和接线端子压接。

任务实施

一、任务分析

在电气电路、设备的安装过程中，当导线不够长或要分接支路时，就需要进行导线与导线间的连接。常用导线的线芯有 7 股和 19 股等几种，连接方法随芯线的金属材料和股数不同而异。本任务要求通过训练活动掌握单股及多股铜导线的直线连接和分支连接方法。

本任务的学习内容见表3-4。

表3-4 学习内容

任务名称	导线的连接	学习时间	3学时
任务描述	正确使用电工工具，训练各种导线的不同连接方法与步骤		

二、具体任务实施

1. 实施方法

根据任务分析，分组配备电工刀、尖嘴钳、钢丝钳、剥线钳各1把，不同截面单股塑料绝缘铜线若干，不同截面7股塑料绝缘铜导线若干。两人一组，一人操作，一人观察评价是否符合规范。

2. 实操练习

（1）单股绝缘铜导线直线连接的训练

1）用剥线钳剥开两段单股铜导线端的绝缘层，其绝缘层剥开长度要使导线足够缠绕对方6圈以上。

2）把两线头的芯线做X形相交，互相紧密缠绕2～3圈。

3）把两线头扳直。

4）将每个线头围绕芯线紧密缠绕6圈，并用钢丝钳切去余下的芯线，最后剪平芯线的末端，如图3-6所示。

5）用塑料绝缘胶带包扎接头，检查接头连接与绝缘包扎质量。

（2）单股绝缘铜导线T形分支连接的训练

1）用电工刀剥开单股铜导线（支线）一端的绝缘层和另一根单股铜导线（干线）中间一段的绝缘层。

2）如果导线直径较小，可按图3-9a所示方法绕制成结状，然后再把支路芯线线头拉紧扳直，紧密缠绕6～8圈后，剪去多余芯线，并剪平毛刺。

3）如果导线直径较大，先将支路芯线的线头与干线芯线十字相交，使支路芯线根部留出约3～5mm，然后缠绕支路芯线，缠绕6～8圈后，用钢丝钳切去余下的芯线，并剪平芯线末端，如图3-9b所示。

4）用塑料绝缘胶带包扎T形分支接头，检查接头连接与绝缘包扎质量。

注意：导线绝缘层剥开长度不能过长；使用电工刀剥开导线绝缘层时要注意不能损伤芯线。

（3）7股绝缘铜导线直线连接的训练

1）将7股绝缘铜导线剪为等长的两段，用电工刀剥开两根导线一端的绝缘层。

2）先将剥去绝缘层的芯线头散开并拉直，然后把靠近绝缘层约1/3线段的芯线绞紧，接着把余下的2/3线段的芯线分散成伞状，并将每根芯线拉直，如图3-10a所示。

3）把两股伞骨形芯线一根隔一根地交叉，直至伞形根部相接。然后，捏平交叉插入的芯线，如图 3-10b 所示。

4）把其中一端的 7 股芯线按 2 根、2 根、3 根分成三组，把第一组的 2 根芯线扳起，垂直于芯线并按顺时针方向紧密缠绕两圈，如图 3-10c 所示。

5）缠绕两圈后将余下的芯线向右扳直紧贴芯线，把第二组的 2 根芯线向上扳直，也按顺时针方向紧紧压着前 2 根扳直的芯线缠绕，如图 3-10d 所示。

6）缠绕两圈后，将余下的芯线向右扳直，把第三组的 3 根芯线扳直，与前两组芯线的方向一致，压着前 4 根扳直的芯线按顺时针方向紧密缠绕，如图 3-10e 所示。

7）缠绕三圈后，切去每组多余的芯线，剪平线端，如图 3-10f 所示。

8）除了芯线缠绕方向相反，用同样方法再缠绕另一边芯线。

9）用塑料绝缘胶带包扎接头，检查接头连接质量。

注意：要保证剥开的导线长度足够接头的缠绕连接；使用电工刀剥开导线绝缘层时要注意不能损伤芯线。

（4）7 股绝缘铜导线的 T 字分支连接的训练

1）用电工刀剥开 7 股绝缘铜导线干线和支线一端的绝缘层。

2）把分支芯线散开剪平，把紧靠绝缘层 1/8 线段的芯线绞紧，把剩余 7/8 线段的芯线分成两组，一组 4 根，另一组 3 根，排齐；然后用螺钉旋具把干线的芯线撬开分为两组，把支线中 4 根芯线的一组插入干线芯线中间，而把 3 根芯线的一组放在干线芯线的前面，如图 3-11a 所示。

3）把 3 根芯线的一组在干线右边紧密缠绕 3～4 圈，剪平线端；把 4 根芯线的一组在干线左边按逆时针方向缠绕，如图 3-11b 所示。缠绕 4～5 圈后，最后剪平线端，如图 3-11c 所示。

4）用塑料绝缘胶带包扎 T 形分支接头，检查接头连接与绝缘包扎质量。

三、任务评价

评分标准见表 3-5。

表 3-5 评分标准

考核内容	配分	评分标准	扣分	得分
单股绝缘铜导线直线连接	25 分	操作不当，每次扣 5 分		
单股绝缘铜导线 T 形分支连接	25 分	操作不当，每次扣 5 分		
7 股绝缘铜导线直线连接	25 分	操作不当，每次扣 5 分		
7 股绝缘铜导线的 T 字分支连接	25 分	操作不当，每次扣 5 分		
工时		开始时间	结束时间	

注：违反安全文明生产规定实施倒扣分，每违反一次扣 20 分。

课后练习

1. 导线连接的基本要求是什么？
2. 导线连接的方法有哪些？
3. 试说明单股铜导线、7股铜导线直接连接和T形分支连接的工艺过程。
4. 导线线头与接线桩（接线端子）的连接有哪几种？应怎样操作？
5. 铜导线接头处的锡焊处理方法有哪几种？
6. 导线的封端方法有哪几种？各应怎样封端？

任务三　导线绝缘层的恢复

学习目标

※ **知识目标**
掌握常用导线绝缘恢复材料。

※ **技能目标**
学会导线绝缘层的恢复方法。

※ **素质目标**
通过学会导线绝缘层的恢复方法，提高专业能力，增强专业情感和安全意识。

知识准备

一、绝缘恢复材料

1. 绝缘胶带

绝缘胶带是一种常用的电工绝缘材料，俗称黑胶布，其耐电性能为施加 1kV 电压时保持 1min 不会被击穿。

2. 黄蜡带

黄蜡带分布纹和斜纹两种，常用于一般低压电动机、电器的衬垫绝缘或线圈绝缘包扎。

3. 聚乙烯薄膜黏带

聚乙烯薄膜黏带有一定的电气性能和力学性能，柔软性好，黏结力较强，但耐热性低于 Y 级，可用于一般电线接头的绝缘包扎。

二、导线绝缘层恢复注意事项

1）在为工作电压为 380V 的导线恢复绝缘时，必须先包缠 1～2 层黄蜡带，然后再包缠一层黑胶布。

2）在为工作电压为 220V 的导线恢复绝缘时，应先包缠一层黄蜡带，然后再包缠一层黑胶布，也可只包缠两层黑胶布。

3）T 字分支连接的接头恢复绝缘时，不能过疏，更不能漏出芯线，以免造成触电或短路事故。

4）用于 T 字分支连接接头的绝缘带平时不可放在温度很高的地方，也不可浸染油类。

导线绝缘层的恢复

任务实施

一、任务分析

当发现导线绝缘层破损、完成导线连接，或导线绝缘层遭到意外损伤时，一定要恢复导线的绝缘性能，而且经恢复的绝缘性能不能低于原有的标准。在低压电路中，常用的绝缘恢复材料有黄蜡带、聚乙烯薄膜黏带和黑胶布等多种，黄蜡带和黑胶布一般选用宽度为 20mm。

本任务的学习内容见表 3-6。

表 3-6　学习内容

任务名称	导线绝缘层的恢复	学习时间	3 学时
任务描述	了解绝缘恢复材料，掌握不同导线绝缘恢复材料的包扎方法		

二、具体任务实施

1. 实施方法

根据任务分析，每组配备相应的绝缘恢复材料。两人一组，对前面剥削和连接的导线进行绝缘层恢复。一人操作，一人观察评价，看是否有不规范之处。一轮操作完成后，两人互换重新进行。

2. 实操练习

（1）直线连接接头的绝缘恢复

1）将黄蜡带从导线左边完整的绝缘层处开始包缠，包缠两根带宽后方可进入连接的芯线部分。

2）包缠时，应将黄蜡带与导线保持约 55° 的倾斜角，每圈叠压带宽的 1/2 左右。

3）包缠一层黄蜡带后，将黑胶布接在黄蜡带的尾端，按另一斜叠方向再包缠一层黑胶布，每圈仍要压叠带宽的 1/2，如图 3-17 所示。

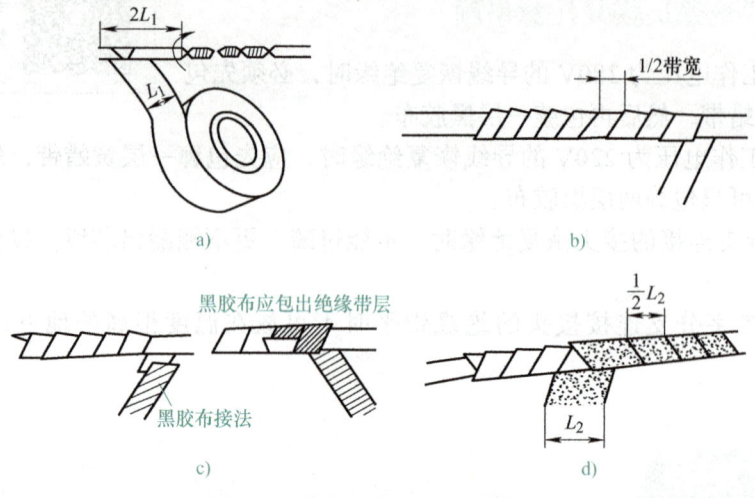

图 3-17 直线连接接头的绝缘恢复

（2）T 形分支连接接头的绝缘恢复

1）将黄蜡带从接头左端开始包缠，每圈叠压带宽的 1/2 左右。

2）缠绕至支线时，左手拇指顶住左侧直角处的带面，使它紧贴转角处芯线，而且要使处于接头顶部的带面尽量向右侧斜压。

3）当围绕到右侧转角处时，手指顶住右侧直角处的带面，将带面在干线顶部向左侧斜压，使其与被压在下边的带面呈 X 状交叉，然后把黄蜡带回绕到左侧转角处。

4）使黄蜡带从接头交叉处开始在支线上向下包缠，并使黄蜡带向右侧倾斜。

5）在支线上绕至绝缘层上约两个带宽时，黄蜡带折回向上包缠，并使黄蜡带向左侧倾斜，绕至接头交叉处，使黄蜡带绕过干线顶部，然后开始在干线右侧芯线上包缠。

6）包缠至干线右端的完好绝缘层后，再接上黑胶布，按上述方法包缠一层即可，如图 3-18 所示。

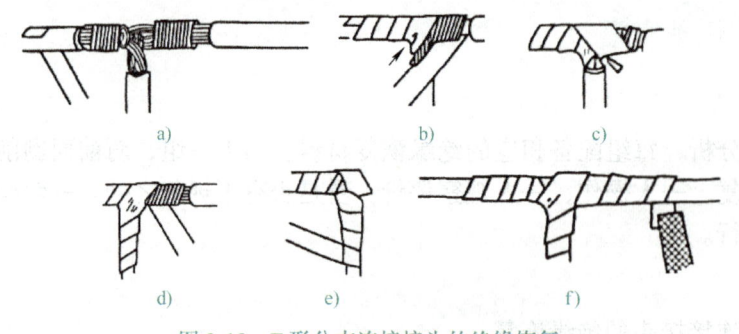

图 3-18 T 形分支连接接头的绝缘恢复

三、任务评价

评分标准见表 3-7。

表 3-7 评分标准

考核内容	配分	评分标准	扣分	得分
直线连接接头的绝缘恢复	50 分	操作不当,每次扣 10 分		
T 形分支连接接头的绝缘恢复	50 分	操作不当,每次扣 10 分		
工时	开始时间	结束时间		

注:违反安全文明生产规定实施倒扣分,每违反一次扣 20 分。

课后练习

1. 绝缘恢复材料有哪些?
2. 导线绝缘层恢复有哪些注意事项?

项目四 常用照明电路的安装

任务一 白炽灯电路的安装

学习目标

※ **知识目标**

熟悉常用照明装置的种类及符号。
掌握白炽灯电路的工作原理。

※ **技能目标**

掌握常用照明装置的选用和安装要求。
正确安装一控一、双控一白炽灯电路。
正确使用万用表的电阻档检测照明装置和电路。

※ **素质目标**

通过白炽灯电路的安装，提高专业能力，增强专业情感和安全意识。
通过小组合作，提高团结协作能力。

知识准备

一、常用电光源的分类及要求

1. 分类

1) 热致发光电光源（如白炽灯、卤钨灯等），这类光源正在被淘汰。
2) 气体放电发光电光源（如荧光灯、汞灯、钠灯、金属卤化物灯等）。
3) 固体发光电光源（如 LED 和场致发光器件等）。

2. 电光源的一般要求

1）光效高，用电少而发光多，电源利用率高，节电。
2）使用寿命长，经久耐用。
3）光色好，有适宜的色温和优良的显色性能。
4）能直接在标准电源上使用，应用方便。
5）接通电源后立即点亮，无延迟时间。
6）形状精巧，结构紧凑，便于控光，适应于不同场合使用。

二、住宅照明的主要要求

1）住宅照明从满足家庭生活的需要出发，光源布置合理、经济、节能、安全可靠，便于日常维护检查。
2）供电电路应有必要的保护措施，确保安全用电。
3）灯具、开关、插座等电器安装要整齐、美观、使用方便，同时符合安全规定。
4）内外电路的选择、敷设方式、布电路径，应充分考虑现代生活发展的需要，留有必要的余度，便于各种家庭设施的更新。

三、常用灯座

1. 常用灯座的类型

常用的灯座有插口吊灯座、插口平灯座、螺口吊灯座、螺口平灯座、防水螺口吊灯座、防水螺口平灯座等，如图 4-1 所示。

a）插口吊灯座　　b）插口平灯座　　c）螺口吊灯座　　d）螺口平灯座　　e）防水螺口吊灯座　　f）防水螺口平灯座

图 4-1　常用灯座的类型

2. 灯座的安装

1）螺口灯座的安装如图 4-2 所示。

图 4-2　螺口灯座的安装

2）吊灯灯座的安装。避免线芯承受吊灯重量的安装方法如图 4-3 所示。

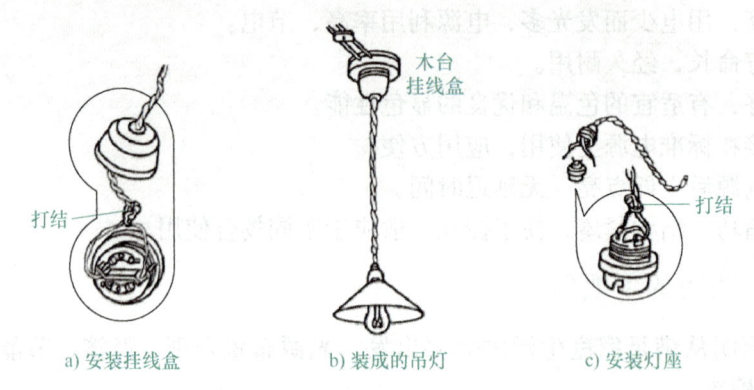

a) 安装挂线盒　　b) 装成的吊灯　　c) 安装灯座

图 4-3　避免线芯承受吊灯重量的安装方法

四、常用开关

1. 常用开关的类型

照明电路常用的开关有拉线开关、墙壁开关、拨动开关、按钮开关和旋钮开关等，如图 4-4 所示。

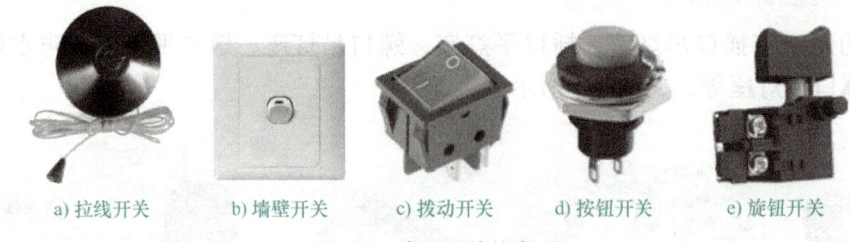

a) 拉线开关　　b) 墙壁开关　　c) 拨动开关　　d) 按钮开关　　e) 旋钮开关

图 4-4　常用开关的类型

2. 开关的安装

1）电灯开关内部接线端子如图 4-5 所示。

a) 拉线式单联开关　　b) 平式单联开关　　c) 拉线式双联开关

图 4-5　电灯开关内部接线端子

2）双联开关安装方法如图 4-6 所示。

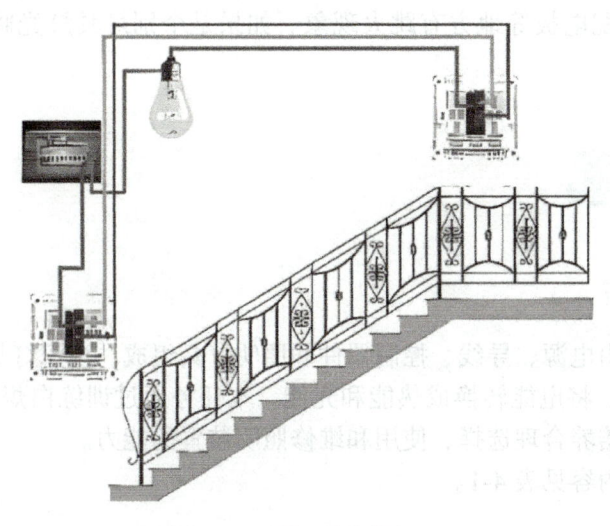

图 4-6 双联开关安装方法

五、灯具的安装要求

1）应安装牢固，质量在 0.5kg 以下的灯具可以用导线来吊装，大于 0.5kg 应采用吊链，超过 3kg 的灯具应固定于预埋吊钩或螺栓上。

2）灯具使用螺口灯座时，相线应接顶心，开关应接在相线上。

3）在安装时应注意安全。

六、白炽灯电路的检修

白炽灯电路的故障现象一般只有一种，即白炽灯不亮。首先应检查配电板上的熔断器，看熔丝是否熔断。如果已经熔断，检查确认电路是短路还是负荷过重；如果熔断器完好，则应该是电路出现断路现象。

白炽灯电路的安装

1. 部分灯具不亮的检修方法

这类故障一般是分支电路断路引起的。检查时，可以从分支电路与总干线接头处开始，逐段检查，直到第一个用电器的接头处。

2. 某一灯具不亮的检修方法

这类故障一般都是用电器内部元件损坏，或者是用电器与分支电路接头处到用电器这段电路有断路的地方。检修方法：用低压验电器分别检查装上灯泡的灯头的两接线柱，如果低压验电器都不亮，说明该灯具的相线开路或接触不良；若在两个接线柱上低压验电器都发光，说明该灯具中性线断开或接触不良；如果只有一个接线柱上的低压验电器发光，则是灯丝断路、灯头内部接触不良或灯泡与灯头接触不良。

3. 发光不正常的检修方法

白炽灯常见的故障是灯光暗淡和灯光闪烁。若整个住宅灯光都暗淡，可能是电源电压太低，或者是有漏电的地方。若灯光闪烁，可能是电压波动，开关、灯头接触不好，也可能是总干线、配电板等地方有跳火现象。如果是个别灯具灯光暗淡，可能是该灯泡陈旧。

任务实施

一、任务分析

照明电路一般由电源、导线、控制器件和照明灯具组成。白炽灯是利用电流通过灯丝电阻产生的热效应，将电能转换成热能和光能。本任务通过训练白炽灯电路的安装方法，理解电路的原理，培养合理选择、使用和维修照明装置的能力。

本任务的学习内容见表 4-1。

表 4-1 学习内容

任务名称	白炽灯电路的安装	学习时间	4 学时
任务描述	读懂接线原理图，按照安装接线工艺，训练白炽灯电路的安装方法		

二、具体任务实施

1. 实施方法

根据任务分析，设计白炽灯电路的安装训练活动，对于一控一、双控一白炽灯电路的安装，采取小组合作的形式完成，每组两人。每组配备配电板 1 块，熔断器 2 只，单联开关 1 只，双控开关 2 只，接线盒 4 只，螺口平灯座 1 套，单相插座 2 套，灯泡 1 只，常用工具 1 套，万用表 1 只，木螺钉、护套线、黑胶布若干。根据实训室所配发的电路原理图，在规定的配电板上按照规范要求安装电路，并通电试验。

2. 实操练习

（1）按照电气原理图和装配图配线

1）照明灯接线原理图。

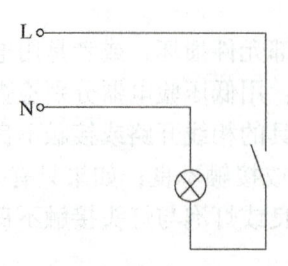

① 单联开关控制白炽灯。单联开关控制白炽灯接线原理图如图 4-7 所示。

② 双联开关控制白炽灯。双联开关控制白炽灯接线原理图如图 4-8 所示。

图 4-7 单联开关控制白炽灯接线原理图

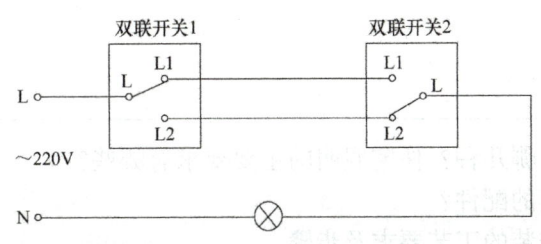

图 4-8 双联开关控制白炽灯接线原理图

2）插座接线要求。

① 面对插座，左边接点接中性线（N），右边接点接相线（L），上边接点接保护接地线（中性线干线）。

② 插座的额定电流应与负载相适，插接 1kW 以上负荷的插座，应加装刀开关或低压断路器。

③ 为保证安全，必须接好保护接地线。

④ 插座与地面的垂直高度不小于 1.2～1.4m，车间及实验室的插座安装高度距地面不小于 0.3m，特殊场所暗装的插座高度距地面不小于 0.15m。

（2）安装灯座

1）灯座接线时，相线先经过开关、熔断器，再进入灯座。

2）螺口平灯座的中心触片要接相线，螺纹边接点接中性线，不得接错。

（3）安装开关　将开关串联在通往灯座的相线上。

（4）检查电路及通电试验

1）检查接线是否正确。安装完毕，先自行检查布线是否符合要求，然后请指导教师检查，合格后才可通电试验。

2）通电检查试验。

① 接通电源，用低压验电器检查开关、灯座、插座各处是否有电，判断开关、各接点接触是否良好，相线接线位置是否正确。

② 装上灯泡，闭合开关，观察灯泡的亮、灭情况。

③ 将用电器具的插头插入插座，打开用电器具的开关，观察用电器具能否正常工作。

三、任务评价

评分标准见表 4-2。

表 4-2　评分标准

考核内容	配分	评分标准	扣分	得分
配线	50 分	① 配线不平直，每根扣 5 分 ② 导线剥削损伤，每处扣 5 分 ③ 配线线芯损伤，每处扣 5 分		
灯具及插座安装	50 分	① 安装电路错误，每通电一次扣 25 分 ② 电气元件安装不符要求，每处扣 10 分		
工时		开始时间	结束时间	

注：违反安全文明生产规定实施倒扣分，每违反一次扣 20 分。

> 课后练习

1. 常用的电光源有哪几种？住宅照明的主要要求有哪些？
2. 怎样选用白炽灯的配件？
3. 试简述白炽灯安装的工艺要求及步骤。
4. 白炽灯通电后不亮，可能由哪些原因造成？怎样检查故障点？
5. 白炽灯发光不正常由什么原因造成？如何检修？

任务二　荧光灯电路的安装

学习目标

※ **知识目标**

掌握荧光灯电路的结构、工作原理及元件选用方法。

※ **技能目标**

正确安装与维修荧光灯电路。
正确使用万用表的电阻档检测电路。

※ **素质目标**

通过荧光灯电路的安装，提高专业能力，增强专业情感、安全意识。
通过小组合作，提高团结协作能力。

知识准备

如图 4-9 所示，当荧光灯电路接通电源后，电源电压经过镇流器、灯丝加在辉光启动器的两极，引起辉光放电。放电时产生的热量使双金属片受热膨胀，两极接触，接通电路，使灯丝预热并发射大量电子。这时，由于辉光启动器两极闭合，两极间电压为零，辉光放电消失，管内温度降低，双金属片自动复位，两极断开。在两极断开的瞬间，电路电流突然切断，镇流器产生很大的自感电动势，与电源电压叠加后作用于灯管两端。灯丝受热时发射出来的大量电子，在灯管两端高电压作用下，击穿灯管内的气体而导通，汞蒸气受到激发，辐射大量紫外线，荧光粉受到激发而发光。

荧光灯电路的安装

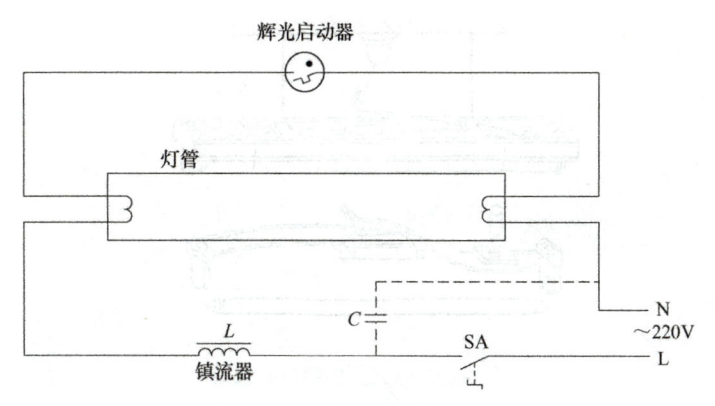

图 4-9 荧光灯电路原理图

任务实施

一、任务分析

本任务注重掌握荧光灯电路中各元件的作用，结合不同的故障现象，使用低压验电器进行故障检修操作；针对常用的荧光灯灯具，能够正确安装和检修操作。

本任务的学习内容见表 4-3。

表 4-3 学习内容

任务名称	荧光灯电路的安装	学习时间	3 学时
任务描述	读懂接线原理图，按照安装接线工艺，训练荧光灯电路的安装方法		

二、具体任务实施

1. 实施方法

根据任务分析，设计荧光灯电路的安装训练活动，采取小组合作的形式完成，每组两人。按组配备照明电路综合接线实训板 1 块、荧光灯 1 套（铁心镇流器）及螺钉、尖嘴钳、电钻、螺钉旋具等工具。

2. 实操练习

（1）按照电路原理图和结构布线图配线安装　如图 4-10 所示为荧光灯的结构布线图。

1) 将灯座、辉光启动器（俗称启辉器）接线后安装固定。
2) 将镇流器安装固定在灯架上。
3) 按荧光灯电路原理图连接电路。
4) 将灯管、辉光启动器装入座内。

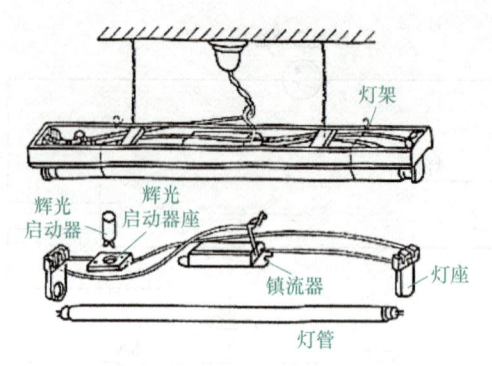

图 4-10 荧光灯的结构布线图

（2）检查电路并通电试验

1）检查接线是否正确。安装完毕，先自行检查布线是否符合要求，然后请指导教师检查，合格后才可通电试验。

2）通电检查试验。接通电源，用低压验电器检查开关、灯座、插座各处是否有电，判断开关、各接点接触是否良好，相线接线位置是否正确。

3）合上开关，观察荧光灯的亮、灭情况。

三、任务评价

评分标准见表 4-4。

表 4-4 评分标准

考核内容	配分	评分标准	扣分	得分
配线	35 分	① 配线不平直，每根扣 5 分 ② 导线剥削损伤，每处扣 5 分 ③ 护套线线芯损伤，每处扣 5 分		
灯具及插座安装	35 分	① 安装电路错误，每通电一次扣 25 分 ② 电气元件安装不符要求，每处扣 10 分 ③ 电气元件损坏，每只扣 10 分		
检查电路并通电试验	30 分	① 一次通电成功，不扣分 ② 通电发现错误并排除，每次扣 10 分 ③ 通电发现错误且不能排除，每次扣 20 分		
工时		开始时间　　　　　　　　　　结束时间		

注：违反安全文明生产规定实施倒扣分，每违反一次扣 20 分。

课后练习

1. 荧光灯电路由哪些部件组成？各部件的主要结构和作用是什么？
2. 试简述荧光灯电路（铁心镇流器）的工作原理。

任务三　电能表的安装

学习目标

※ 知识目标

掌握单相电能表、三相电能表的结构及原理。

※ 技能目标

掌握单相电能表、三相电能表的安装方法。
正确使用万用表的电阻档检测电路。

※ 素质目标

通过电能表的安装，提高专业能力，增强专业情感和安全意识。
通过小组合作，提高团结协作能力。

知识准备

一、普通用户电能表的选择

1）电能表的额定容量应根据用户负荷来选择，一般负荷电流的上限不得超过电能表的额定电流，下限不应低于电能表允许误差范围以内规定的负荷电流。

2）选用电能表的原则。应使用电负荷在电能表额定电流的20%～120%之内，必须根据负荷电流和电压数值来选定合适的电能表，使电能表的额定电压、额定电流等于或大于负荷的电压和电流。

3）要满足精确度的要求。

4）要根据负荷的种类，确定选用电能表的类型。

二、电能表的实际用量计算

1）不经互感器的电能表，即直接接入电路，从电能表直接读得实际数值，如当电能表盘上注有倍率时，本月实际用电量（kW·h）=（本月读数－上月读数）× 倍率。

2）经互感器接入时电能表计量。

① 电能表与电流互感器配合使用时，本月实际用电量（kW·h）=（本月读数－上月读数）× 电流比。

② 电能表盘上注有倍率时，本月实际用电量（kW·h）=（本月读数－上月读数）× 倍率。

③ 电能表与电压、电流互感器配合使用时，本月实际用电量（kW·h）=（本月读数－上月读数）× 电流比 × 电压比。

④ 电能表盘上注有倍率且与电压、电流互感器配合使用时，本月实际用电量（kW·h）=（本月读数－上月读数）× 电流比 × 电压比 × 倍率。

⑤ 电能表上注明电流比和电压比，这是成套表计。例如，注明电流比为 100A/5A，电压比为 10000V/100V，是指电能表所配备的电流互感器应为 100A/5A，电压互感器应为 10000V/100V。所以，成套配用的电能表的读数就是实际用电量，不需要再乘电流比和电压比。

三、电能表的安装原则

1）单相电能表必须将相线接入电流线圈首端。
2）三相电能表必须按正相序接线。
3）三相四线电能表必须接中性线。
4）电能表的中性线必须与电源中性线直接连接，进出有序，不允许互相串联，不允许采用接地、接金属外壳代替。
5）进表导线与电能表接线端钮应为同一种金属导体。

四、电能表接线安装注意事项

1）进表导线裸露部分必须全部插入接线孔内，并将接线盒中压线螺钉自上而下逐个拧紧，线小孔大时，应加辅助线，设法使入表线截面积达到接线孔截面积 1/2 及以上。安装带电压连片的单相电能表时，应检查其接触是否良好。低压电能表入表线的额定电压规定不超过 500V。

2）经电流互感器接入的电能表，其标定电流不宜超过电流互感器额定二次电流的 30%，其额定最大电流应为电流互感器额定二次电流的 120% 左右。直接接入式电能表的标定电流应按正常运行负荷电流的 30% 左右进行选择。

任务实施

一、任务分析

电能表有单相电能表和三相电能表两种。其中，三相电能表又有三相三线制电能表和三相四线制电能表两种；按接线方式划分可分为直接式电能表和间接式电能表两种。常用的直接式三相电能表的规格有 10A、20A、30A、50A、75A 和 100A 等多种，一般用于电流较小的电路上；间接式三相电能表常用的规格是 5A，与电流互感器连接后，用于电流较大的电路上。本任务通过训练电能表的接线安装方法，理解电能表的工作原理，培养合理选择、使用、维护及保养电能表的能力。

本任务的学习内容见表 4-5。

项目四　常用照明电路的安装

表 4-5　学习内容

任务名称	电能表的安装	学习时间	3 学时
任务描述	按照安装接线工艺，训练电能表的接线安装方式		

二、具体任务实施

1. 实施方法

根据任务分析，设计电能表的接线安装训练活动，采取小组合作的形式完成，每组两人。按组配备电度表接线板 1 块、单相电能表 1 个、三相电能表 3 个、接线端子若干条，BV1.5～2.5mm² 铜芯绝缘导线若干、常用工具 1 套。

2. 实操练习

（1）单相电能表的接线安装

1）定位接线。将单相电能表的①、③接线桩接电源进线，②、④接线桩接出线，如图 4-11 所示。

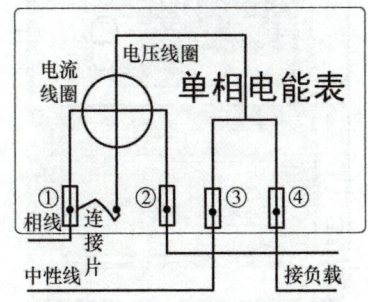

图 4-11　单相电能表接线图

2）安装注意事项。

① 电能表总线必须采用铜芯塑料硬线，其最小截面积不得小于 1.5mm²，中间不准有接头。

② 电能表总线必须明线敷设，采用线管安装时，线管也必须明装。在进入电能表时，一般以"左进右出"原则接线。

③ 电能表必须垂直于地面安装，表的中心离地面高度应在 1.4～1.8m 之间。

（2）三相电能表的接线安装

1）直接式三相四线制电能表的接线。将电能表 11 个接线桩中的①、④、⑦接线桩连接总熔断器引出来的 3 根相线；③、⑥、⑨接线桩分别接总开关的 3 个进线端；⑩、⑪接线桩接电源中性线的进线端和出线端；②、⑤、⑧接线桩可空着，其连接片不可拆卸，如图 4-12 所示。

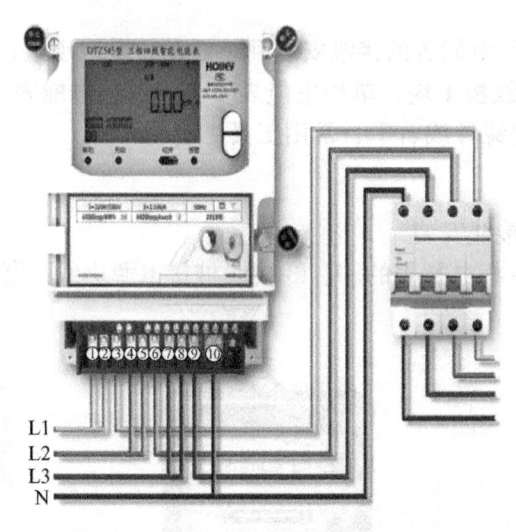

图 4-12　直接式三相四线制电能表接线图

2）直接式三相三线制电能表的接线。将电能表 8 个接线桩中的①、④、⑥接线桩接电源相线进线端；③、⑤、⑧接线桩接相线出线端；②、⑦接线桩可空着，如图 4-13 所示。

图 4-13　直接式三相三线制电能表接线图

3）间接式三相四线制电能表的接线。

① 将总熔断器引来的 3 根相线分别与 3 只电流互感器一次侧的"+"接线桩连接。

② 用 3 根绝缘导线从 3 个"+"接线桩引出，穿过钢管后分别与电能表②、⑤、⑧接线柱连接。

③ 接着用 3 根绝缘导线，从 3 只电流互感器二次侧的"+"接线桩引出，穿过另一根钢管与电能表①、④、⑦进线桩连接。

④ 用一根绝缘导线穿过后一根保护钢管，一端连接 3 只电流互感器二次侧的"-"接线桩，另一端连接电能表的③、⑥、⑨接线桩，并把这根导线接地。

⑤ 最后用 3 根绝缘导线，把 3 只电流互感器一次侧的"-"接线桩分别与总开关进线桩连接起来。

⑥ 将电源中性线穿过前一根钢管与电能表⑩接线桩连接，⑪接线桩用来连接中性线的出线，如图 4-14 所示。接线时，应先将电能表接线盒内的 3 块连接片都拆下。

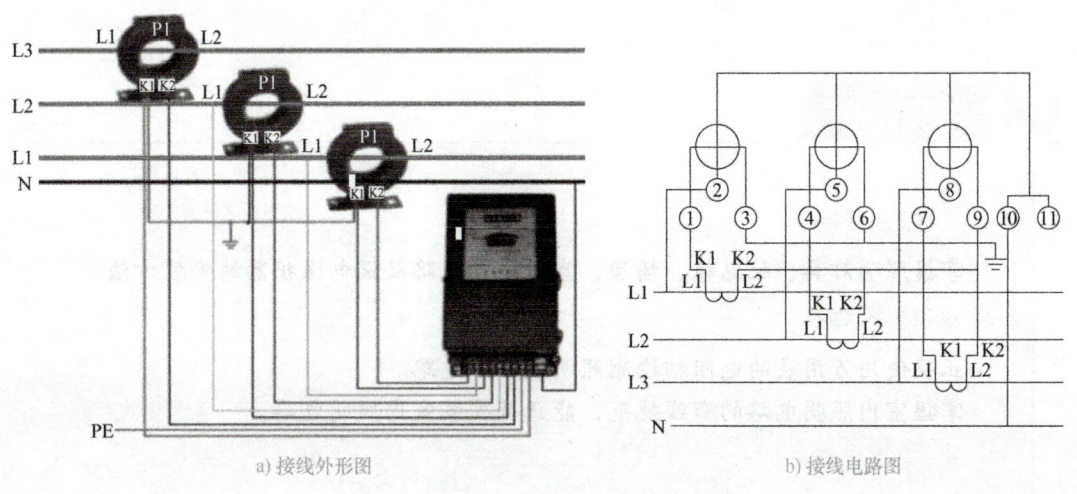

a) 接线外形图　　　　　　　　　　　b) 接线电路图

图 4-14　间接式三相四线制电能表接线图

三、任务评价

评分标准见表 4-6。

表 4-6　评分标准

考核内容	配分	评分标准	扣分	得分
单相电能表的安装	50 分	① 安装电路错误，每通电一次扣 10 分 ② 通电发现错误并排除，每次扣 10 分 ③ 通电发现错误且不能排除，每次扣 20 分		
三相电能表的安装	50 分	① 安装电路错误，每通电一次扣 10 分 ② 通电发现错误并排除，每次扣 10 分 ③ 通电发现错误且不能排除，每次扣 20 分		
工时		开始时间　　　　　　　　　　结束时间		

注：违反安全文明生产规定实施倒扣分，每违反一次扣 20 分。

> **课后练习**

1. 普通用户的电能表选用原则是什么？
2. 电能表的实际用电量怎样计算？
3. 单相电能表的接线安装步骤是什么？
4. 三相电能表的接线安装分为哪几种？
5. 电能表的安装原则是什么？
6. 电能表接线安装有哪些注意事项？

任务四　室内照明电路的安装

学习目标

※ **知识目标**

掌握照明灯具、配电板、插座、室内配电线路及漏电保护器的安装方法。

※ **技能目标**

正确使用万用表的电阻档检测照明装置和电路。
掌握室内照明电路的布线规范，能正确安装室内照明电路。

※ **素质目标**

通过小组合作，提高团结协作能力。

知识准备

一、照明电路的安装要求

总体要求：正规、合理、牢固、美观。

1）各种灯具、开关、插座、吊线盒及所有附件品种规格、性能参数（如额定电压、电流）等必须符合要求。

2）应用在户内特别潮湿或具有腐蚀性气体和蒸汽的场所，有易燃、易爆物的场所，以及户外时，必须采用具有防潮或防爆结构的灯具和开关。

3）灯具安装应牢固。质量在 1kg 以内的灯具可采用软导线自身作吊线；质量超过 1kg 的灯具应采用链吊或管吊；质量超过 3kg 时必须固定在预埋的吊钩或螺栓上。

4）灯具的吊管应由直径不小于 ϕ10mm 的薄壁钢管制成。

5）灯具固定时，不应因灯具自重而使导线承受额外的张力，导线在引入灯具处不应有磨损，不应受力。

6）导线分支及连接处应便于检查。

7）必须接地的金属外壳应由专门的接地螺栓连接牢固，不得用导线缠绕。

8）灯具的安装高度：室内一般不低于 2.4m，室外一般不得低于 3m，如遇特殊情况难以达到要求，可采取相应保护措施或采用 36V 安全电压供电。

9）室内照明开关一般安装在门边易于操作的地方。拉线开关的安装高度一般离地 2～3m；板把开关一般离地 1.3m，离门框的距离一般为 0.15～0.2m。安装时，同一建筑物内的开关宜采用同一系列产品，并应操作灵活、接触可靠。还要考虑使用环境，以选择合适的外壳防护形式。

二、照明电路敷设和施工安装工艺

1. 照明电路设计与施工条件

照明电路设计与施工要求安全、可靠、经济。

2. 室内照明电路敷设

室内照明电路敷设时的布线方式分为暗敷设布线和明敷设布线两种，均由 PVC 管、接线盒和导线组成。

（1）暗敷设布线　将 PVC 管埋在建筑材料和墙内，原则要求走捷径，尽量减少弯头。适用于美观性要求较高的场所，如家庭、办公室等场所。

（2）明敷设布线　管线暴露在外面，要求布线沿建筑物横平竖直，讲究工艺美观，管子用线卡固定，适宜商场和特殊照明电路的安装。

3. 照明电路敷设的步骤及工艺要求

1）根据要求，设计施工图。

2）根据施工图，确定所需材料。根据要求弄清导线、PVC 管、管件及管卡、螺钉等的规格和数量。

3）敷设 PVC 管。敷设应横平竖直、整齐美观，按室内建筑物形态弯曲贴近。

4）穿线。穿线时将所有导线作好记号，用胶布绑扎在一起，从 PVC 管的一端逐渐送入另一端，并把导线拉直，固定 PVC 管。PVC 管内穿导线的总面积应不超过管内截面积的 40%，并且管内导线不允许有接头，不得有拧绞现象。

5）接线时应注意：所有的分支线和导线的接头应设置在分线盒和开关盒内；线盒内线头留有余度；导线扭绞连接要紧密，并包好绝缘带；接插座线时应注意左零右火的规定；接螺口灯座时应保证螺钉部分为中性线；所有的开关都应控制相线，所有的中性线不应受控。

6）送电前，应用万用表对整个电路和元件进行检测，无误后方可送电。

一、任务分析

在实际日常生活中,经常会遇到需要两个开关异地控制同一盏灯的情况,本任务要求房间安装一盏灯,能用两个开关控制;房间进线处安装电能表、总控刀开关和漏电保护器。

本任务的学习内容见表4-7。

表4-7 学习内容

任务名称	室内照明电路的安装	学习时间	3学时
任务描述	按照任务要求训练照明灯具、室内配电线路、漏电保护器、插座等的安装		

二、具体任务实施

1. 实施方法

根据任务分析,设计室内照明电路的安装训练活动。采取小组合作的形式完成,每组两人。按组配备导线、灯座、插座、灯泡、电能表、剥线钳、尖嘴钳、电工锤、布线木板、开关、线卡等。

2. 实操练习

(1)按照室内照明电路原理图和配电板安装接线图安装线路

1)按照任务要求准备元器件,检测元器件。

2)定位及划线。

3)按照图4-15所示的室内照明电路原理图,用导线正确连接照明元器件,包括电能表、刀开关、熔断器、双控开关、照明灯、插座等。

4)按照图4-16所示的配电板安装接线图,在配电板上用木螺钉安装紧固各种元器件(接线盒要注意开口方向),要求布局合理。

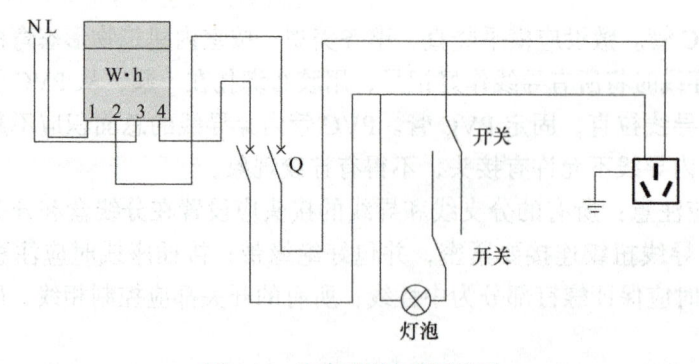

图4-15 室内照明电路原理图

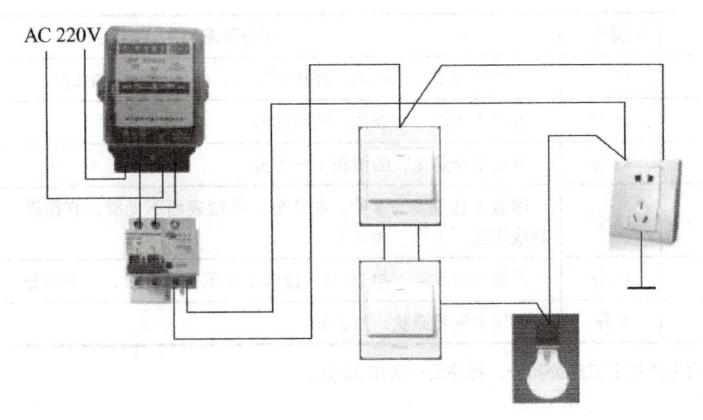

图 4-16 配电板安装接线图

（2）通电前线路检测

1）安装完毕后，清理配电板上的工具、多余的元器件及断线头，以防造成短路和触电事故。然后对配电板线路的正确性全面自检（用万用表电阻档），以确保通电一次成功。

2）线路一切正常后，方可在教师指导下进行通电试验，如测量有短路，切不可通电，需认真对照原理图检修，正常后才可通电。

（3）通电试验

1）由电源端开始向负载按顺序依次送电，先合上刀开关，然后合上控制照明灯的开关，照明灯正常发亮，插座可以正常工作，电能表根据负载大小决定表盘转动快慢，负荷大时，表盘就转动快，用电就多。**注意**：通电时必须有专人监护，确保安全操作。

2）检查开关是否能按原理图要求控制灯具，检查插座是否接通。

（4）故障检修

1）检测线路是否接对（对照原理图）。

2）检测元器件是否故障。

3）检测接线处是否接触良好。

4）检测导线是否断路。

注意：

① 电能表接在最前面，然后接剩余电流断路器，最后接刀开关和照明设备。

② 各电器进线和出线要求按照左边中性线、右边相线的规范接线。

③ 接头连接：中性线直接进灯座，相线经开关后再进灯座；中性线、相线直接进插座。导线必须铺得横平竖直和平整，线路应整齐、美观，符合工艺要求。

④ 单相电能表的①、③接线桩接电源，②、④接线桩接负载。

⑤ 经教师检查确认接线正确后，方可接通电源，操作开关，观察实训结果。

⑥ 导线布线要求横平竖直，弯成直角，做到少用导线少交叉，多线并拢一起走。

三、任务评价

评分标准见表 4-8。

表 4-8 评分标准

内容	满分	评分要求	得分
安全知识	15 分	动作不规范、不正确，操作不安全，每错误一次扣 2 分	
工量具使用	10 分	方法不正确、不规范，酌情扣分	
检查工作现场	12 分	存在安全隐患，酌情扣 1～5 分	
导线连接	18 分	圈数未达到 6～8 圈，扣 2 分；导线表面不光滑，有伤损，扣 2 分；导线连接不正确，扣 4 分	
照明电路的布线	40 分	不能实现双控，扣 20 分；接线工艺不符合要求，酌情扣分	
现场清理	5 分	现场未恢复原状，扣 5 分	

注：违反安全文明生产规定实施倒扣分，每违反一次扣 20 分。

课后练习

1. 室内照明电路的安装要求有哪些？
2. 室内照明电路敷设时常用的布线方式有哪些？
3. 室内照明电路敷设时布线的基本要求是什么？
4. 简述室内槽板布线的工艺步骤。
5. 请将螺口灯座、拉线开关、熔断器、双孔插座（准备接大功率用电器）和三孔插座正确接入家庭电路。

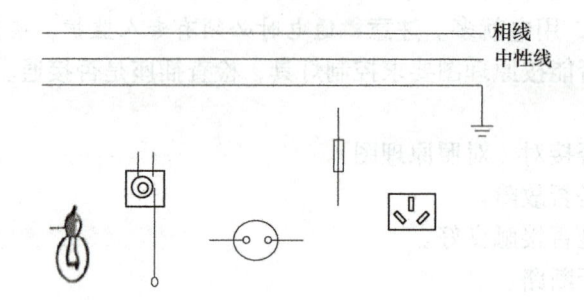

项目五　常用低压电器的拆装

任务一　主令电器的拆装

学习目标

※ **知识目标**

熟悉按钮、行程开关的基本结构，了解各组成部分的作用。

※ **技能目标**

掌握按钮、行程开关的拆卸、组装方法，并能简单检测。
学会用万用表检测按钮、行程开关等常用主令电器。

※ **素质目标**

通过按钮、行程开关的拆卸、组装和检测，培养专业情感和规范的操作习惯。

知识准备

主令电器用来发布命令或用作程序控制，以闭合或断开控制电路，包括按钮、行程开关、转换开关、主令控制器等，本任务重点学习按钮和行程开关。

一、按钮

1. 结构

按钮是一种接通或分断小电流电路的主令电器，按钮触点允许通过较小电流，一般不超过 5A。分为单式（一个）、双式（两个）、三联式（三个）、钥匙式、旋钮式和紧急式等，如图 5-1 所示。主要由按钮帽、复位弹簧、桥式触点和外壳等组成。

图 5-1 按钮

2. 按钮的选用

按钮选择的主要依据是使用场所、所需要的触点数量、种类及按钮帽的颜色。按钮的颜色规定如下：

1）停止和急停按钮为红色。
2）起动按钮为绿色。
3）点动按钮为黑色。
4）起动/停止交替按钮为黑色、白色或灰色，不能是红色和绿色。
5）复位按钮为蓝色，当兼有停止作用时，必须是红色。

二、行程开关

行程开关是依照生产机械的行程发出命令，以控制运动方向或行程长短的主令电器。若在终点处限制行程，又称为限位开关或终点开关。

行程开关从结构上可分为操作机构、触点系统和外壳 3 部分。它的结构原理与按钮形似，缺点是触点分合速度取决于生产机械移动速度，当速度 $v<0.40m/min$ 时，触点分合太慢，易受电弧烧毁，应采用有盘形弹簧机构的，可瞬时动作的滚轮式行程开关。

行程开关有多种构造形式，主要有直动式、滚轮式、微动式三种，如图 5-2 所示。常用型号有 LX19 系列、JLXK1 系列和 3SE3 系列。

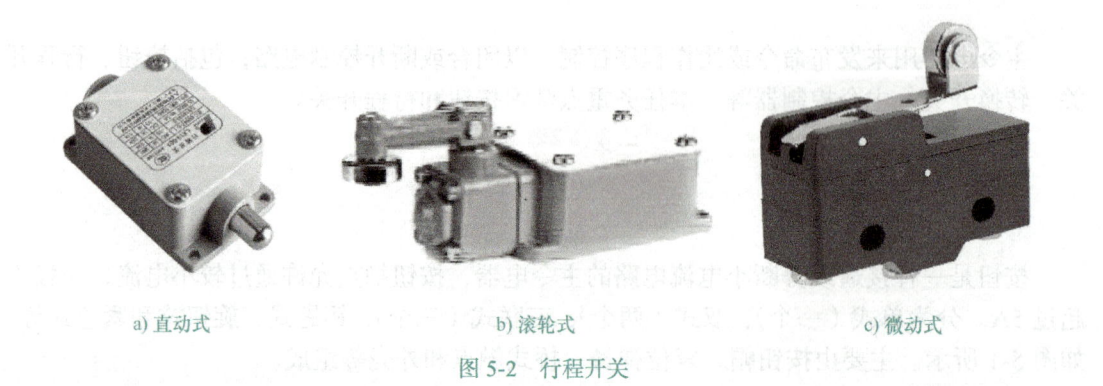

a) 直动式 b) 滚轮式 c) 微动式

图 5-2 行程开关

任务实施

一、任务分析

主令电器是用于自动控制系统中发出指令的操作电器,通过主令电器控制电路的接通和分断,以实现对生产机械的自动控制。本任务主要训练常用主令电器的拆卸和组装,并能简单检测。

本任务的学习内容见表 5-1。

表 5-1 学习内容

任务名称	主令电器的拆装	学习时间	2 学时
任务描述	训练按钮和行程开关的拆卸和组装,利用万用表测量各对触点之间的接触电阻		

二、具体任务实施

1. 实施方法

根据任务分析,训练活动分组进行,两人一组,按组配备钢丝钳、尖嘴钳、螺钉旋具、镊子等常用电工工具,以及万用表 1 只、按钮 1 个、行程开关 1 个。组内协作,一人操作,一人观察评分。一轮操作完成后,交换角色重新进行。

2. 实操练习

(1)按钮的拆装

1)把一个按钮拆开,观察其内部结构,将主要零部件的名称及作用记入表 5-2 中。

2)将按钮组装还原,用万用表电阻档测量各对触点之间的接触电阻,常开触点的电阻在按钮受压时测量。将测量结果记入表 5-2 中。

(2)行程开关的拆装

1)把一个行程开关拆开,观察其内部结构,将主要零部件的名称及作用记入表 5-3 中。

2)用万用表电阻档测量各对触点之间的接触电阻,常开触点的电阻在行程开关受压时测量。将测量结果记入表 5-3 中。

3)将行程开关组装还原。

表 5-2 按钮的结构及测量记录

型号					
额定电流					
主要零部件	名称				
	作用				

（续）

触点数/副	辅助常开触点		
	辅助常闭触点		
触点电阻/Ω	辅助常开触点		
	辅助常闭触点		

表 5-3　行程开关的结构及测量记录

型号					
额定电流					
主要零部件	名称				
	作用				
触点数/副	辅助常开触点				
	辅助常闭触点				
触点电阻/Ω	辅助常开触点				
	辅助常闭触点				

三、任务评价

评分标准见表 5-4。

表 5-4　评分标准

考核内容	配分	评分标准	扣分	得分
按钮的拆装	50 分	操作不当，每次扣 10 分		
行程开关的拆装	50 分	操作不当，每次扣 10 分		
工时	开始时间		结束时间	

注：违反安全文明生产规定实施倒扣分，每违反一次扣 20 分。

课后练习

1. 简述按钮的结构及选用方法。
2. 行程开关的构造形式有哪几种？

任务二　开关类低压电器的拆装

学习目标

※ 知识目标

熟悉常用开关类低压电器的基本结构，了解各组成部分的作用。

※ 技能目标

掌握常用开关类低压电器的拆卸、组装方法，并能简单检测。
学会用万用表、绝缘电阻表等常用电工仪表检测开关类低压电器。

※ 素质目标

通过常用开关类低压电器的拆卸、组装和检测，培养专业情感和规范的操作习惯。

知识准备

常用开关类低压电器主要用于不频繁地接通和分断低压电路，起着控制、保护、转换和隔离的作用，包括刀开关、转换开关、断路器三类。

一、刀开关

刀开关的种类很多，带熔断器的负荷开关最常用。

1. 开启式负荷开关

开启式负荷开关又称胶盖刀开关，其外形、结构及电路符号如图5-3所示。开启式负荷开关结构简单、价格便宜，主要根据电压、极数、额定电流和负载性质等因素选择。在一般的照明电路和功率小于5.5kW的电动机控制电路中被广泛采用。

开启式负荷开关常见故障及检修方法见表5-5。

a) 外形　　　　　　　　　　　b) 结构　　　　　　　　c) 电路符号

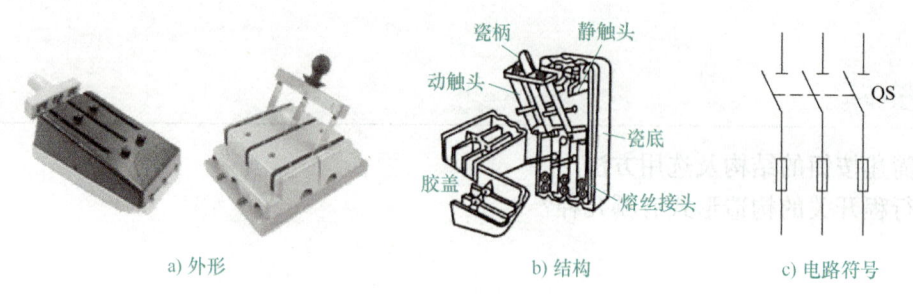

图 5-3　开启式负荷开关外形、结构及电路符号

表 5-5　开启式负荷开关常见故障及检修方法

故障现象	造成故障的可能原因	检修方法
合闸后一相或两相没电压	夹座弹性消失或开口过大，使静触头与动触头不能良好接触	更换夹座
	熔丝烧断或连接不良	更换熔丝
	夹座、动触头氧化或有污垢	清洁触点
	电源进线或出线线头氧化后接触不良	更换进、出线
动触头或夹座过热烧坏	开关容量太小	更换大容量的开关
	断、合闸时动作太慢造成电弧过大，烧坏触点	使用正确的操作方法
	负载过大	减小负载或调换较大容量的开关

2. 封闭式负荷开关

封闭式负荷开关的外壳多为铸铁或用薄钢板冲压而成，故也称为铁壳开关。其外形、结构和电路符号如图 5-4 所示。铸铁壳内装有由刀片和夹座组成的触点系统、熔断器和速断弹簧，30A 以上的还装有灭弧罩。

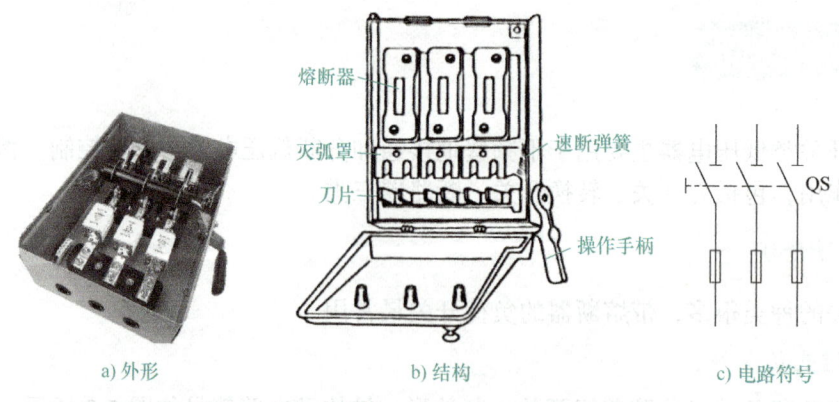

a) 外形　　　　　　　　　　　b) 结构　　　　　　　　c) 电路符号

图 5-4　封闭式负荷开关外形、结构和电路符号

封闭式负荷开关的灭弧性能、操作性能、通断能力和安全防护性能都优于开启式负荷开关，可用于额定电压在 500V 以下、额定电流 200A 以下的电气装置和配电设备中做不频繁的操作和短路保护，也可控制三相异步电动机不频繁的直接起动及分断。

封闭式负荷开关具有操作方便、使用安全、通断性能好的优点，选用时可参照开启式负荷开关的选用原则。操作时，操作者不得面对封闭式负荷开关拉闸或合闸，一般用左手握操作手柄。若更换熔丝，必须在分闸时进行。

封闭式负荷开关常见故障及检修方法见表 5-6。

表 5-6 封闭式负荷开关常见故障及检修方法

故障现象	造成故障的可能原因	检修方法
操作手柄带电	外壳未接地或接地线接触不良	加装或检查接地线
	电源进、出线绝缘损坏碰壳	更换导线
夹座过热或烧坏	夹座表面烧毛	修正夹座表面
	刀片与夹座压力不足	调整夹座压力
	负载过大	减轻负载或调换较大容量的开关

二、转换开关

转换开关又称组合开关，是一种手动控制电器，它的操作机构采用了扭簧储能，可使触点快速闭合或分断，从而提高了开关的通断能力。其外形、结构及电路符号如图 5-5 所示。

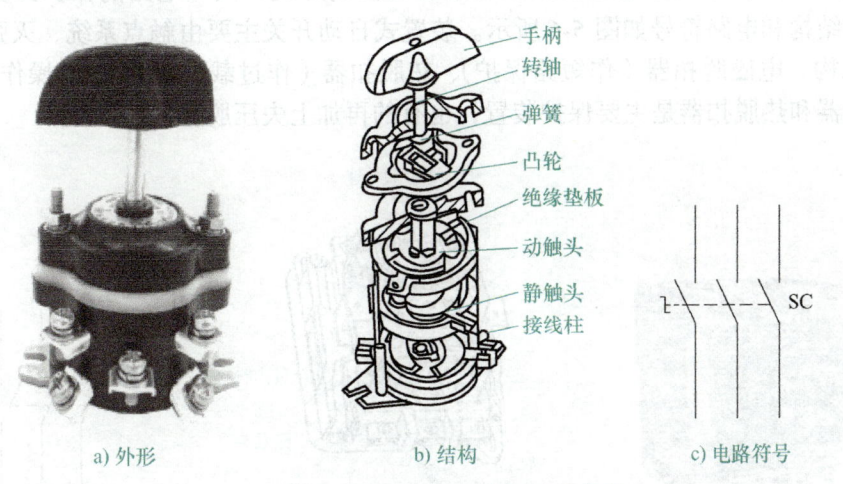

a) 外形　　b) 结构　　c) 电路符号

图 5-5 转换开关的外形、结构及电路符号

转换开关常在电气电路用于手动不频繁地接通和断开电路、换接电源和负载，也可用来直接控制小容量三相异步电动机非频繁起动、停止和正反转。直接控制三相异步电动机的起动和正、反转时，一般选择额定电流为电动机额定电流 1.5～2.5 倍的转换开关。

常用的转换开关额定电压为交流 380V，额定电流有 6A、10A、15A、25A、60A、100A 等多种。转换开关具有体积小、寿命长、结构简单、操作方便、灭弧性能较好等优点。选用时，应根据电源种类、电压等级、所需触点数量及电动机的容量进行选择。

转换开关常见故障及检修方法见表 5-7。

表 5-7 转换开关常见故障及检修方法

故障现象	造成故障的可能原因	检修方法
手柄转动 90° 后，内部触点未动	操作机构损坏	修理或更换操作机构
	手柄上的三角形或半圆形口磨成圆形	更换手柄
	绝缘杆变形	更换绝缘杆
	轴与绝缘杆装配不紧	加固轴与绝缘杆的装配
手柄转动后，3 对静触头和动触头不能同时接通或断开	触头角度装配不正确	重新装配
	触头失去弹性或有污垢	更换触头或清除污垢
开关接线相间短路	接线柱间附着铁屑或油污，形成导电层	清洁或调换转换开关

三、断路器

断路器又称自动开关或空气开关，当电路发生严重过载、短路及失压等故障时，能自动切断电路，有效地保护串接在其后的电气设备，故障动作后不需要更换元件，动作电流可按需要整定。可用于不频繁地接通和断开电路及控制电动机。因此，断路器是低压电路中常用的具有齐备保护功能的控制电器。

1. 结构

塑壳式断路器常用作电动机及照明系统的控制开关、供电电路的保护开关等。其外形、内部结构和电路符号如图 5-6 所示。装置式自动开关主要由触点系统、灭弧装置、自动操作机构、电磁脱扣器（作短路保护）、热脱扣器（作过载保护）、手动操作机构组成。电磁脱扣器和热脱扣器是主要保护装置，也有的再加上失压脱扣器。

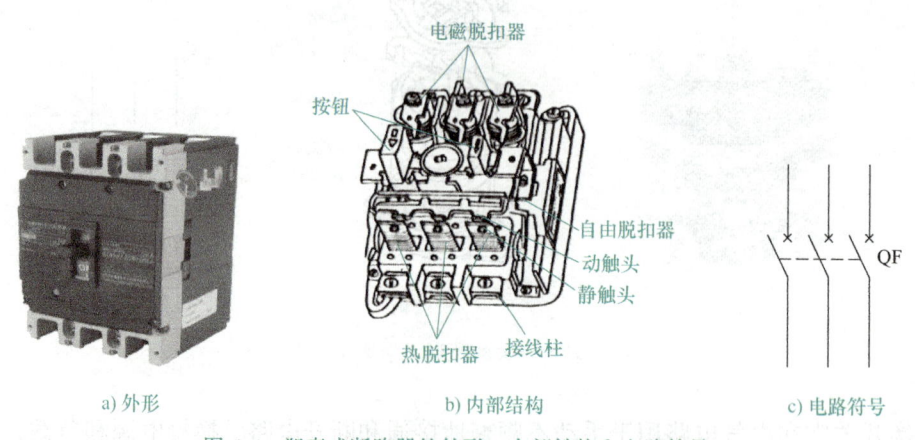

a) 外形　　b) 内部结构　　c) 电路符号

图 5-6　塑壳式断路器的外形、内部结构和电路符号

2. 工作原理

断路器的主触点是靠手动操作或电动合闸的。主触点闭合后，自由脱扣器将主触点锁在合闸位置上。过电流脱扣器的线圈和热脱扣器的热元件与主电路串联，欠电压脱扣器的线圈和电源并联。当电路发生短路或严重过载时，过电流脱扣器的衔铁吸合，使自由脱扣器动作，主触点断开主电路。当电路过载时，热脱扣器的热元件发热使双金属片弯曲，推

动自由脱扣器动作。当电路欠电压时,欠电压脱扣器的衔铁释放,也使自由脱扣器动作。分励脱扣器则作为远距离控制用,正常工作时,其线圈是失电的;当需要距离控制时,按下起动按钮,使线圈得电,衔铁带动自由脱扣器动作,使主触点断开。

3. 断路器常见故障及检修方法（见表 5-8）

表 5-8　断路器常见故障及检修方法

故障现象	造成故障的可能原因	检修方法
手动操作时断路器不能闭合	欠电压脱扣器无电压或线圈损坏	检查电路后加上电压或更换线圈
	储能弹簧变形,闭合力减小	更换储能弹簧
	反作用弹簧力太大	调整弹力或更换弹簧
	脱扣器不能复位	调整脱扣器至规定值
	操作电源不符	选择合适的电源
	电磁铁或电动机损坏	检修电磁铁或电动机
电动操作时断路器不能闭合	电磁铁拉杆行程不够	重新调整或更换拉杆
	控制器中整流管或电容器损坏	更换整流管或电容器
电流达到整定值时,断路器不工作	热脱扣器双金属片损坏	更换双金属片
	电磁脱扣器的衔铁与铁心距离过大	调整衔铁与铁心的距离
	电磁线圈损坏	更换电磁线圈
起动电动机时自动断开	电磁脱扣器瞬时整定电流太小	调整瞬时整定电流
	电磁脱扣器损坏	更换电磁脱扣器
断路器在工作一段时间后自动断开	过电流脱扣器整定值过小	调整整定值
	电磁脱扣器损坏	更换电磁脱扣器
断路器温度过高	触点接触面压力太小	调整或更换触点弹簧
	触点表面过分磨损或接触不良	修理触点表面或更换触点
	导电零件的连接螺钉松动	拧紧螺钉

任务实施

一、任务分析

本任务主要训练开关类低压电器的拆卸和组装方法,并能简单检测通过训练,进一步理解开关类低压电器的结构、原理,掌握它们的控制、保护、转换和隔离功能。

本任务的学习内容见表 5-9。

表 5-9　学习内容

任务名称	开关类低压电器的拆装	学习时间	4 学时
任务描述	训练常用开关类低压电器的拆卸和组装方法，并能简单检测		

二、具体任务实施

1. 实施方法

根据任务分析，分组进行训练。按组配备钢丝钳、尖嘴钳、螺钉旋具、活扳手等电工工具，以及万用表 1 块、绝缘电阻表 1 块、开启式负荷开关 1 个、封闭式负荷开关 1 个、断路器 1 个。两人一组，相互配合，一人操作，一人观察评价。一轮操作完成后，互换角色，重复进行。

2. 实操练习

（1）开启式负荷开关的拆卸和组装

1）把一个开启式负荷开关拆开，观察其内部结构，将主要零部件的名称及作用记入表 5-10 中。

2）合上开关，用万用表电阻档测量各对触点之间的接触电阻。

3）用绝缘电阻表测量每两相触点之间的绝缘电阻。

4）测量后将开关组装还原，测量结果记入表 5-10 中。

常用开关类电器的拆装

表 5-10　开启式负荷开关的结构与测量记录

型号					
额定电流					
主要零部件	名称				
	作用				
相间绝缘电阻 /MΩ	L1–L2				
	L1–L3				
	L2–L3				
触点电阻 /Ω	L1 相				
	L2 相				
	L3 相				

（2）封闭式负荷开关的拆卸和组装

1）把一个封闭式负荷开关拆开，观察其内部结构，将主要零部件的名称及作用记入表 5-11 中。

2）合上开关，用万用表电阻档测量触点之间的接触电阻。

3）用绝缘电阻表测量每两相触点之间的绝缘电阻。

4）测量后，将开关组装还原，测量结果记入表 5-11 中。

表 5-11 封闭式负荷开关的结构与测量记录

型号					
额定电流					
主要零部件	名称				
	作用				
相间绝缘电阻/MΩ	L1–L2				
	L1–L3				
	L2–L3				
触点电阻/Ω	L1 相				
	L2 相				
	L3 相				

（3）断路器的拆卸和组装

1）把一个塑壳式断路器拆开，观察其内部结构，将主要零部件的名称及作用和有关参数记入表 5-12 中。

2）将开关组装还原。

表 5-12 塑壳式断路器的结构及参数记录

零件名称	作用	有关参数

三、任务评价

评分标准见表 5-13。

表 5-13 评分标准

考核内容	配分	评分标准	扣分	得分
开启式负荷开关的拆卸和组装	30 分	操作不当，每次扣 10 分		
封闭式负荷开关的拆卸和组装	30 分	操作不当，每次扣 10 分		
断路器的拆卸和组装	40 分	操作不当，每次扣 10 分		
工时		开始时间	结束时间	

注：违反安全文明生产规定实施倒扣分，每违反一次扣 20 分。

电工基本技能

> **课后练习**

1. 刀开关种类包括哪些？各有何特点？
2. 简述开启式负荷开关、封闭式负荷开关的基本结构及安装要求。
3. 简述开启式负荷开关、封闭式负荷开关、转换开关及断路器的常见故障及检修方法。
4. 简述转换开关的用途、主要结构及使用注意事项。
5. 简述断路器的结构及工作原理。

任务三　接触器的拆装

> **学习目标**
>
> ※ **知识目标**
> 熟悉接触器的基本结构，了解各组成部分的作用。
>
> ※ **技能目标**
> 掌握接触器的拆卸和组装方法，并能简单检测。
> 学会用万用表检测接触器。
>
> ※ **素质目标**
> 通过接触器的拆卸、组装和检测，培养专业能力和专业情感。

> **知识准备**

接触器是通过电磁机构动作，频繁地接通和分断主电路的远距离操纵电器。按其触点通过电流种类的不同，分为交流接触器和直流接触器两类。

交流接触器工作过程

一、交流接触器

1. 交流接触器的结构

交流接触器主要由电磁系统、触点系统、灭弧装置等部分组成，其外形和结构如图 5-7 所示。

a) 外形　　　　　　　　　　　b) 结构

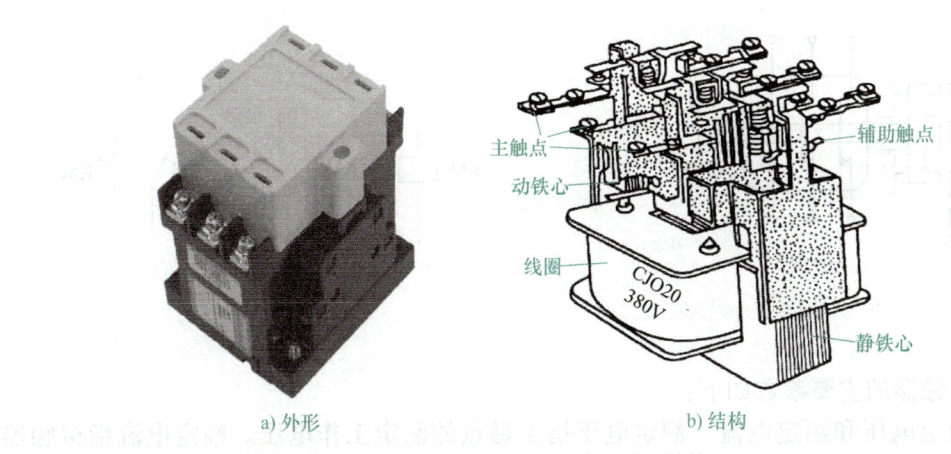

图 5-7　交流接触器的外形和结构

（1）电磁系统　交流接触器的电磁机构由线圈、动铁心（衔铁）和静铁心组成，其作用是利用电磁线圈的得电或失电，产生电磁吸力，使动铁心和静铁心吸合或释放，从而带动动触点与静触点闭合或分断，实现接通或断开电路的目的。为了减少接触器吸合时产生的振动和噪声，在静铁心上装有一个短路环（又称减振环）。

（2）触点系统　触点系统是接触器的执行部分。按功能不同分为主触点和辅助触点。主触点用于接通和分断电流较大的主电路，体积较大，一般由 3 对常开触点组成；辅助触点用于接通和分断小电流的控制电路，体积较小，有常开和常闭两种触点。按触点形状的不同分为桥式触点和指形触点。

（3）灭弧装置　交流接触器在分断大电流或高电压电路时，其动、静触点间气体在强电场作用下放电，形成电弧。电弧会烧伤触点，并使电路的切断时间延长，严重时甚至会引起短路、触电或其他事故。10A 以上的接触器都有灭弧装置，一般采用半封式纵缝陶土灭弧罩，并配有强磁吹弧回路。

常用的灭弧方法有动力灭弧、断口灭弧、纵缝灭弧和栅片灭弧 4 种。

（4）其他部件　包括反作用弹簧、复位弹簧、缓冲弹簧、触点压力弹簧、传动机构、接线桩和外壳等。

2. 交流接触器的工作原理

如图 5-8 所示，当交流接触器的电磁线圈接通电源时，线圈产生磁场，使静铁心产生足以克服弹簧反作用力的吸力，将动铁心向下吸合，使主触点和辅助常开触点闭合，辅助常闭触点断开。主触点将主电路接通，辅助触点则接通或分断与之相连的控制电路。

当接触器线圈失电时，静铁心吸力消失，动铁心在反作用弹簧力的作用下复位，各触点也随之复位。接触器电路符号如图 5-9 所示。

3. 交流接触器的型号和参数

常用的交流接触器有 CJO、CJ10 及 CJ20 等系列，有国外引进的 B 系列及 3TB 系列，还有 CJK1 系列真空接触器及 CJW1-200A/N 型晶闸管接触器。

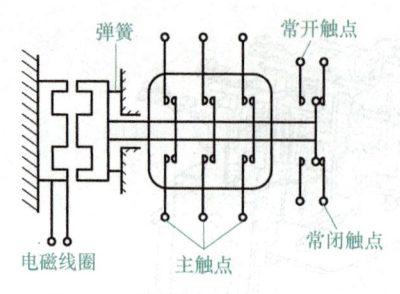

图 5-8　交流接触器工作原理图

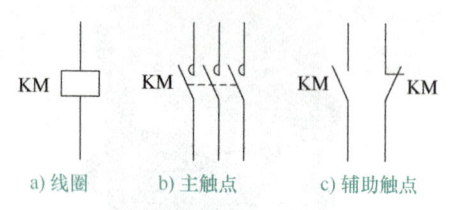

图 5-9　接触器电路符号

交流接触器的主要参数如下：

（1）额定电压和额定电流　额定电压指主触点的额定工作电压。额定电流指接触器触点在额定工作条件下的电流值。

（2）额定工作制　包括长期工作制、间断长期工作制、反复短时工作制和短时工作制。

（3）通断能力　可分为最大接通电流和最大分断电流。最大接通电流是指触点闭合时不会造成触点熔焊时的最大电流值；最大分断电流是指触点断开时能可靠灭弧的最大电流。一般通断能力是额定电流的 5～10 倍。

（4）动作值　可分为吸合电压和释放电压。吸合电压是指接触器吸合前，缓慢增加线圈两端的电压，接触器可以吸合时的最小电压；释放电压是指接触器吸合后，缓慢降低线圈的电压，接触器释放时的最大电压。

（5）操作频率　一般为每小时允许操作次数的最大值。

二、直流接触器

直流接触器主要用于控制直流用电设备，常用的有 CZ0、CZ1、CZ2、CZ3、CZ5 系列。直流接触器的结构、工作原理与交流接触器基本相同，其外形和结构如图 5-10 所示。直流接触器主要由电磁系统、触点系统、灭弧装置 3 部分组成。

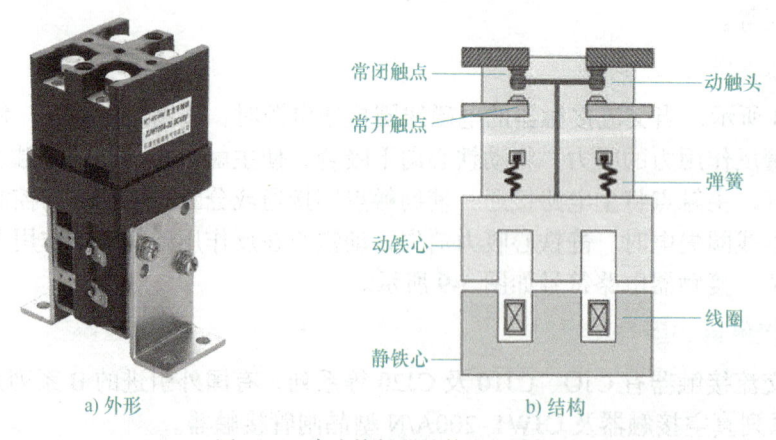

图 5-10　直流接触器的外形和结构

1. 电磁系统

由线圈、静铁心和动铁心组成。直流接触器铁心与交流接触器不同，采用整块铸钢或铸铁制成；线圈匝数较多、电阻大、铜损大、发热较多；为使其散热良好，常将其做成长而薄的圆筒状；磁路中通常夹有非磁性垫片，以减小剩磁影响。

2. 触点系统

触点系统包括主触点和辅助触点。主触点一般做成单极或双极，并且采用滚动接触的指形触点；辅助触点的通断电流较小，常采用点接触的桥式触点。

3. 灭弧装置

主触点在断开直流大电流时，也会产生强烈的电弧，由于直流电弧的特殊性，一般采用磁吹式灭弧。

灭弧装置主要由磁吹线圈、灭弧罩、灭弧角等组成。靠磁吹力的作用将电弧拉长，在空气中迅速冷却，使电弧迅速熄灭，因此称为磁吹灭弧。

三、接触器的选用

1）根据接触器所控制的负载性质来选择接触器的类型，如交流负载选用交流接触器，直流负载选用直流接触器。

2）接触器的触点数量和种类应满足主电路和控制电路的要求。

3）根据被控对象和工作参数，如电压、电流、功率、频率及工作制等确定接触器的额定参数。

四、接触器常见故障及检修方法（见表 5-14）

表 5-14　接触器常见故障及检修方法

故障现象	造成故障的可能原因	检修方法
接触器不吸合或不能完全吸合	接触器线圈断线	修理或更换线圈
	电源电压过低	调整电源电压
	铁心机械卡阻	检查调整零件位置或更换零件，消除卡阻现象
	触点超程过大	调整触点超程
接触器线圈失电，铁心不释放	铁心极面有油污或尘埃黏着	清理铁心极面
	接触器主触点发生熔焊	修理或更换触点
	触点弹簧损坏或压力过小	调整弹簧压力或更换弹簧
	动铁心或机械部分被卡阻	调整零件位置，消除卡阻现象
	铁心的中柱去磁气隙消失，使剩磁增大	退磁或更换铁心
接触器触点熔焊	操作频率过高或长期超负荷使用	更换触点
	触点弹簧压力过小	调整弹簧压力，更换触点

（续）

故障现象	造成故障的可能原因	检修方法
接触器触点熔焊	负载侧短路	排除短路故障，更换触点
	触点表面有突起的金属颗粒	清理触点表面
接触器的电磁铁心噪声过大	电源电压过低	调整电源电压
	铁心短路环断裂	更换短路环
	触点弹簧压力过大	调整弹簧压力
	铁心极面有油污	清除污垢、修理极面或更换铁心
	螺栓松动，铁心歪斜或机械卡阻	拧紧螺栓，排除机械故障
接触器线圈过热或烧毁	电源电压过高或过低	调整电源电压
	操作频率过高	更换接触器
	线圈匝数短路	排除短路故障或更换线圈
	弹簧压力过大	调整弹簧压力
	运动部分机械卡阻	排除卡阻现象

任务实施

一、任务分析

本任务主要训练接触器的拆卸和组装方法，并能简单检测。通过训练，进一步理解接触器远距离操控电器的原理和使用方法。

本任务的学习内容见表 5-15。

表 5-15　学习内容

任务名称	接触器的拆装	学习时间	4 学时
任务描述	训练接触器的拆卸和组装方法，学会用万用表检测接触器		

二、具体任务实施

1. 实施方法

根据任务分析，本任务分组进行。按组配备钢丝钳、尖嘴钳、螺钉旋具、扳手、镊子等电工工具，以及万用表1块、交流接触器1个、直流接触器1个。两人一组，合作完成，一人操作，一人观察并评价。一轮操作完成后互换角色，重复进行。

2. 实操练习

（1）交流接触器的拆卸和组装

1）把一个交流接触器拆开，观察其内部结构，将拆卸步骤、主要零部件的名称及作用记入表 5-16 中。

2）用万用表电阻档测量各对触点动作前后的电阻值。

3）将各类触点的数量、线圈的数据等测量结果记入表 5-16 中。

4）测量后，将交流接触器组装还原。

（2）直流接触器的拆卸和组装

1）把一个直流接触器拆开，观察其内部结构，将拆卸步骤、主要零部件的名称及作用记入表 5-17 中。

2）用万用表电阻档测量各对触点动作前后的电阻值。

3）将各类触点的数量、线圈的数据等测量结果记入表 5-17 中。

4）测量后，将直流接触器组装还原。

表 5-16　交流接触器的拆卸与检测记录

	型号						
	容量 /A						
拆卸步骤	第一步						
	第二步						
	第三步						
	第四步						
	第五步						
主要零部件	名称						
	作用						
触点数量 / 副	主触点						
	辅助触点						
	辅助常开触点						
	辅助常闭触点						
触点电阻 /Ω	辅助常开触点	动作前 /Ω					
		动作后 /Ω					
	辅助常闭触点	动作前 /Ω					
		动作后 /Ω					
电磁线圈	线径						
	匝数						
	工作电压 /V						
	直流电阻 /Ω						

表 5-17　直流接触器的拆卸与检测记录

型号							
容量 /A							
拆卸步骤	第一步						
	第二步						
	第三步						
	第四步						
	第五步						
主要零部件	名称						
	作用						
触点数量 /副	主触点						
	辅助触点						
	辅助常开触点						
	辅助常闭触点						
触点电阻	辅助常开触点	动作前 /Ω					
		动作后 /Ω					
	辅助常闭触点	动作前 /Ω					
		动作后 /Ω					
电磁线圈	线径						
	匝数						
	工作电压 /V						
	直流电阻 /Ω						

三、任务评价

评分标准见表 5-18。

表 5-18　评分标准

考核内容	配分	评分标准	扣分	得分
交流接触器的拆装	50 分	操作不当，每次扣 10 分		
直流接触器的拆装	50 分	操作不当，每次扣 10 分		
工时		开始时间	结束时间	

注：违反安全文明生产规定实施倒扣分，每违反一次扣 20 分。

项目五　常用低压电器的拆装

课后练习

1. 交流接触器由哪几部分组成？试述各部分的作用。
2. 试述交流接触器的工作原理。
3. 交流接触器的参数有哪些？
4. 交流接触器的选用原则是什么？
5. 试分析交流接触器的常见故障。
6. 直流接触器由哪几部分组成？试述各部分的作用。

任务四　继电器的拆装

学习目标

※ 知识目标

熟悉继电器的基本构造，了解各组成部分的作用。

※ 技能目标

掌握热继电器和时间继电器的拆卸和组装方法，并能简单检测。

※ 素质目标

通过热继电器和时间继电器的拆卸、组装和检测，培养专业意识和职业情感，提高团队合作能力。

知识准备

继电器是具有隔离功能的自动开关元件，一般用于控制和保护电路，它可以根据电流、电压、时间、温度和速度等信号，来接通或断开小电流电路和电器的控制元件。继电器的种类很多，按照作用可分为控制继电器和保护继电器两大类，中间继电器、时间继电器和速度继电器等一般作为控制继电器，热继电器、电压继电器和电流继电器等作为保护继电器；按照工作原理可分为电磁式继电器、感应式继电器、热继电器、晶体管式继电器等；按照输出方式可分为有触点和无触点式。

一、电磁式继电器

电磁式继电器工作原理与接触器相似，由铁心、电磁线圈、衔铁、复位弹簧、触点、支座及引脚等组成,如图 5-11 所示。

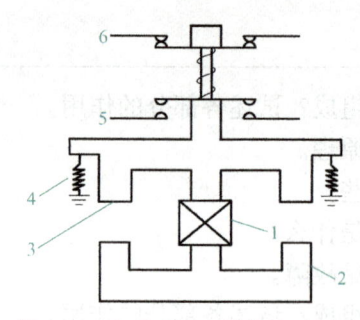

图 5-11 电磁式继电器结构示意图

1—电磁线圈　2—铁心　3—衔铁　4—复位弹簧　5—常开触点　6—常闭触点

电磁式继电器根据反映的参数可分为电流继电器、电压继电器和中间继电器等。

1. 电流继电器

电流继电器的线圈串联在电路中,以反应电路电流的变化,实现过(欠)电流保护。电流继电器的电路符号如图 5-12 所示。

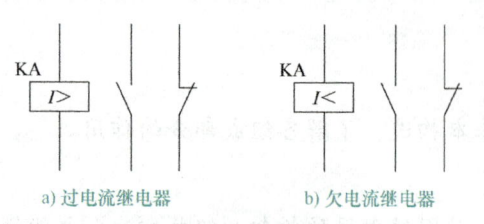

a) 过电流继电器　　b) 欠电流继电器

图 5-12　电流继电器的电路符号

电流继电器可分为过电流继电器和欠电流继电器。

过电流继电器在电路正常工作时不动作,当电路电流超过某整定值(通常为额定电流的 1.1～4 倍)时才动作,达到过电流保护作用。主要用于频繁、重载起动的场合,作为电动机的过载和短路保护。过电流继电器为交流通用继电器,加上不同的线圈或阻尼圈后可作为电流继电器、电压继电器或中间继电器使用。

欠电流继电器在电路正常工作时动作,当电流降低到某整定值(通常为额定电流的 10%～20%)时释放。

2. 电压继电器

电压继电器的线圈并联在电路中,以反映电路电压的变化,实现过(欠)电压保护。电压继电器的电路符号如图 5-13 所示。

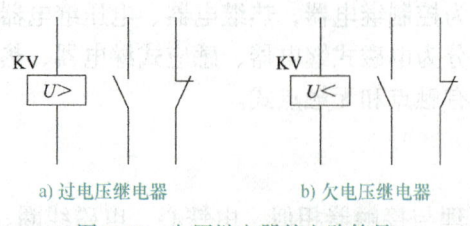

a) 过电压继电器　　b) 欠电压继电器

图 5-13　电压继电器的电路符号

3. 中间继电器

中间继电器实质上也属于电压继电器，通过它可以增加控制电路数目或起信号放大作用。所以，中间继电器通常用来传递信号和同时控制多个电路，用来弥补主继电器触点不足或容量不足，也可用来直接控制小容量电动机或其他电气执行元件。常用的交流中间继电器有 JZ7 系列，主要由线圈、静铁心、动铁心、触点系统、反作用弹簧及复位弹簧等组成。工作原理与一些小型交流接触器基本相同，只是它的触点没有主、辅之分，其额定电流一般为 5A。

选用中间继电器时，主要依据控制电路的电压等级，同时还要考虑所需触点数量、种类及容量是否满足控制电路的要求。

二、热继电器

热继电器主要用于对电动机长时间连续运行时的过载和断相保护，以及其他电气设备发热状态的控制。

1. 热继电器的结构

热继电器的外形和结构如图 5-14 所示。它由热元件、常闭触点、动作机构、复位按钮和电流整定装置 5 部分组成。

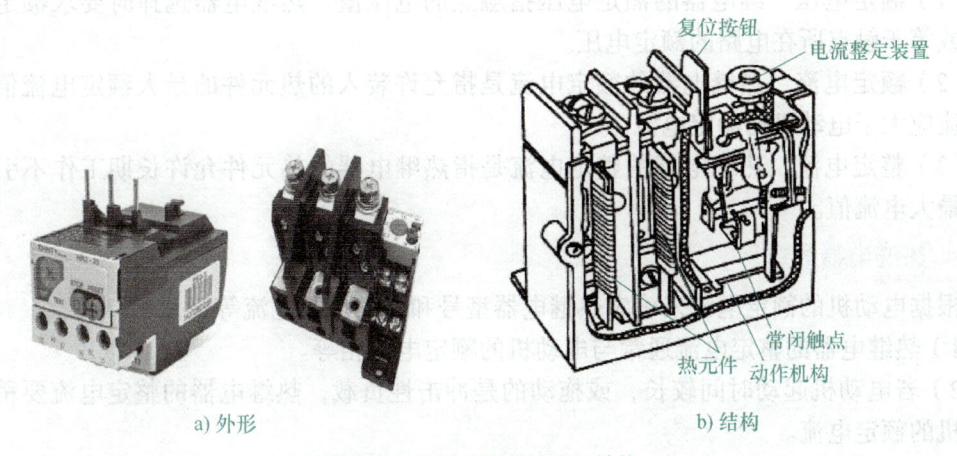

图 5-14 热继电器的外形和结构

热元件由双金属片及绕在双金属片外面的电阻丝组成，双金属片由两种热膨胀系数不同的金属片复合而成。

2. 热继电器的工作原理

如图 5-15 所示，电动机过载时，过载电流通过串联在定子电路中的电阻丝 4，使之发热过量，双金属片 5 受热膨胀，因膨胀系数不同，膨胀系数较大的左边一片的下端向右弯曲，通过导板 6 推动补偿双金属片 7 使推杆 10 绕轴转动，带动拉杆 12 绕转轴 19 转动，将常闭触点 13 断开。接触器的线圈失电，主触点释放，使电动机脱离电源得到保护。

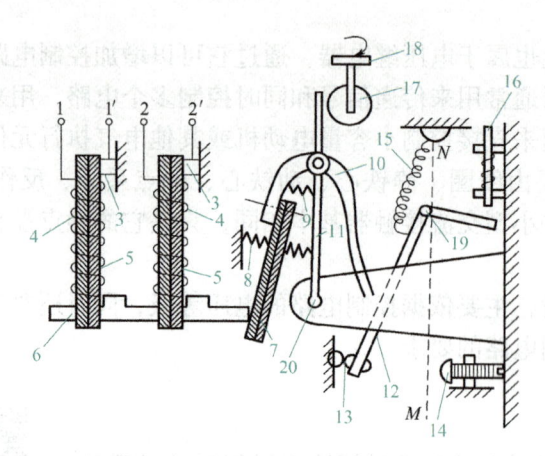

图 5-15 热继电器工作原理图

1—1'、2—2'—接入电动机电路的端子　3—双金属片的固定点　4—电阻丝　5—双金属片
6—导板　7—补偿双金属片　8—拉簧　9—压簧　10—推杆　11—连杆　12—拉杆　13—常闭触点
14—常开触点　15—弹簧　16—复位按钮　17—偏心轮　18—旋转按钮　19—转轴　20—连轴

3. 热继电器的主要技术参数

（1）额定电压　继电器的额定电压指触点的电压值，热继电器选择时要求额定电压大于或等于触点所在电路的额定电压。

（2）额定电流　热继电器的额定电流是指允许装入的热元件的最大额定电流值，额定电流应大于电动机的额定电流。

（3）整定电流　热继电器的整定电流是指热继电器的热元件允许长期工作不引起动作的最大电流值。

4. 热继电器的选用

根据电动机的额定电流来确定热继电器型号和热元件的电流等级。

1）热继电器的整定电流通常与电动机的额定电流相等。

2）若电动机起动时间较长，或拖动的是冲击性负载，热继电器的整定电流要稍高于电动机的额定电流。

3）在三相电压均衡的电路中，一般采用两相结构的热继电器进行保护。

4）在三相电源严重不平衡或要求较高的场合，需要采用三相结构的热继电器进行保护。

5）对于三角形联结的电动机，要选用带断相保护装置的热继电器。

5. 热继电器常见故障及检修方法（见表 5-19）

表 5-19　热继电器常见故障及检修方法

故障现象	造成故障的可能原因	检修方法
控制电路不通	手动复位的热继电器动作后未手动复位	手动复位
	热继电器的常闭触点接触不良或弹簧弹性消失	修理触点，必要时更换弹簧

(续)

故障现象	造成故障的可能原因	检修方法
控制电路不通	自动复位的热继电器调节螺钉未调到自动复位位置	重新调整调节螺钉
热继电器的热元件烧断	负载侧短路或电流过大	排除短路故障或更换产品
	电动机反复短时工作或操作频率过高	选用合适的热继电器
热继电器误动作	电动机起动时间过长	选择适合的热继电器,或起动时将热继电器短接(应急使用)
	热继电器的整定电流调节偏小	合理调整整定电流或更换热继电器
	电动机操作频率过高	选用合适的热继电器
	受强烈的冲击振动	采用防振或选用防冲击性热继电器
热继电器不动作	热继电器的动作机构卡死或导板脱出	修理调整
	触点接触不良	清除触点表面尘垢或氧化物
	热继电器的额定值选得太大	重新选择额定值
	整定电流调节太大	重新整定电流
	热元件烧毁或脱掉	更换热元件

三、时间继电器

时间继电器是一种利用电磁原理或机械动作原理来延迟触点闭合或分断的自动控制电器。主要作为辅助电器元件用于各种电气保护及自动装置中,使被控元件达到所需要的延时。按其工作原理可分为电磁式时间继电器、空气阻尼式时间继电器、电子式时间继电器和电动式时间继电器等。时间继电器的电路符号如图 5-16 所示。

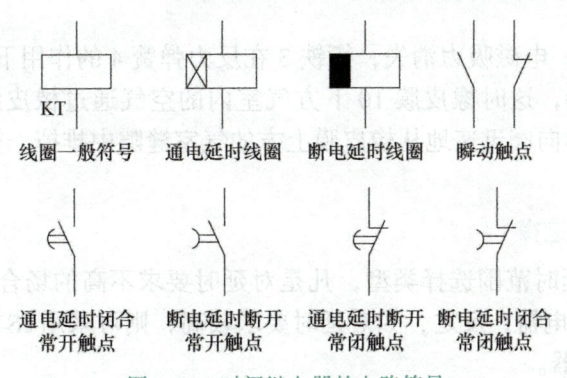

KT

线圈一般符号　通电延时线圈　断电延时线圈　瞬动触点

通电延时闭合　断电延时断开　通电延时断开　断电延时闭合
常开触点　　　常开触点　　　常闭触点　　　常闭触点

图 5-16　时间继电器的电路符号

1. 时间继电器的结构

常用的空气阻尼式时间继电器根据触电延时特点可分为通电延时型和断电延时型两种。图 5-17 所示为 JS7-A 系列通电延时型时间继电器的外形和结构。

a) 外形　　　　　　　　　　　　b) 结构

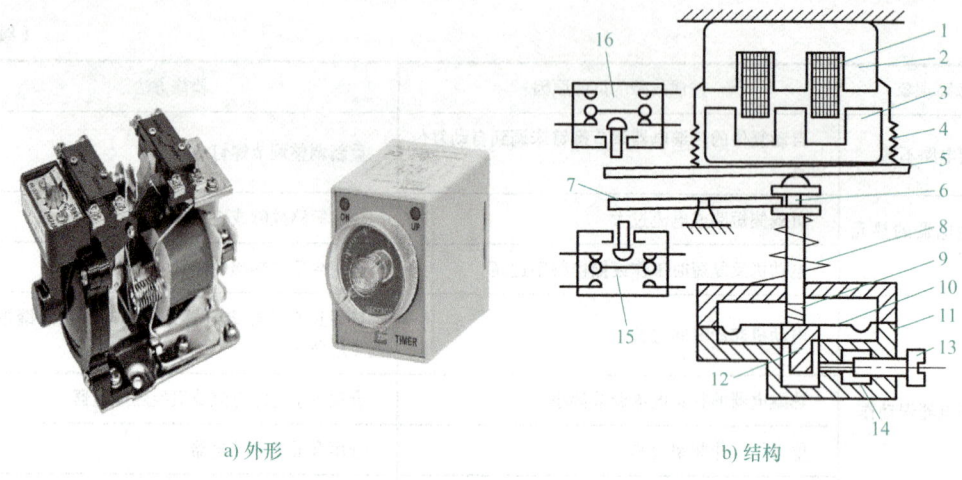

图 5-17　JS7-A 系列通电延时型时间继电器的外形和结构

1—线圈　2—铁心　3—衔铁　4—反力弹簧　5—推板　6—活塞杆　7—杠杆　8—塔形弹簧　9—弱弹簧
10—橡皮膜　11—空气室壁　12—活塞　13—调节螺杆　14—进气孔　15、16—微动开关

时间继电器主要由电磁系统、工作触点、气室、传动机构四部分组成。电磁系统主要由线圈、铁心、衔铁、反力弹簧组成；工作触点由两对瞬时触点、两对延时触点组成；气室主要由橡皮膜、活塞和壳体（空气室壁）组成；传动机构由杠杆、推板、活塞杆、塔形弹簧等组成。

2. 时间继电器的工作原理

当线圈1得电时，衔铁3吸合，微动开关16受压，触点瞬时动作，无延时，活塞杆6在塔形弹簧8的作用下，带动活塞12及橡皮膜10向上移动，但由于橡皮膜下方气室的空气稀薄，形成负压。因此，活塞杆6只能缓慢地向上移动，其移动的速度视进气孔的大小而定，可通过调节螺杆13调整。经过一定的延时后，活塞杆才能移动到最上端。这时通过杠杆7压动微动开关15，使其常闭触点断开，常开触点闭合，起到通电延时作用。

当线圈1失电时，电磁吸力消失，衔铁3在反力弹簧4的作用下释放，并通过活塞杆6将活塞12推向下端，这时橡皮膜10下方气室内的空气通过橡皮膜10、弱弹簧9和活塞12肩部所形成的单向阀迅速地从橡皮膜上方的气室缝隙中排掉，微动开关15、16迅速复位，无延时。

3. 时间继电器的选择

1）根据系统的延时范围选择类型，凡是对延时要求不高的场合，一般采用价格较低的JS7-A系列时间继电器；反之，如对延时要求较高，则可采用JS11系列、JS20系列或7PR系列的时间继电器。

2）根据控制电路的要求选择通电延时时间继电器或断电延时时间继电器。

3）根据控制电路电压来选择时间继电器线圈的电压。

4）根据使用条件选用各种类型时间继电器。如，现场温度变化较大时，不宜采用空气阻尼式时间继电器。

四、速度继电器

速度继电器是一种可以按照被控电动机转速的大小，使控制电路接通或断开的继电器。速度继电器主要与接触器配合，用于电动机的反接制动电路中。

速度继电器的外形和电路符号如图 5-18 所示。

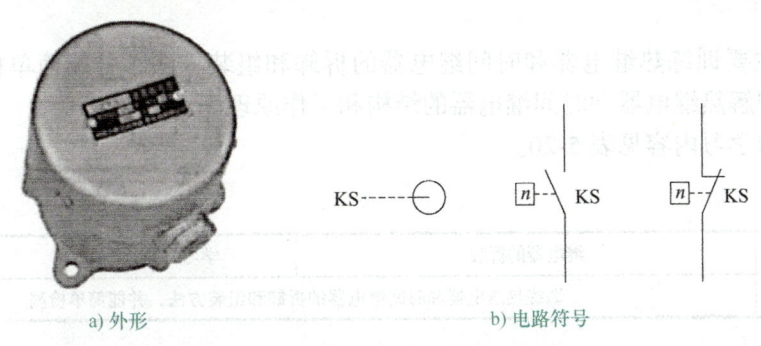

a) 外形　　b) 电路符号

图 5-18　速度继电器的外形和电路符号

速度继电器主要由定子、转子、返回杠杆和触点系统等部分组成。定子由硅钢片叠制而成，并嵌有笼形的短路绕组，套在转子外围，经杠杆机构与触点系统连接；转子是用一块永久磁铁制成的，固定在转轴上。速度继电器的结构示意图如图 5-19 所示。

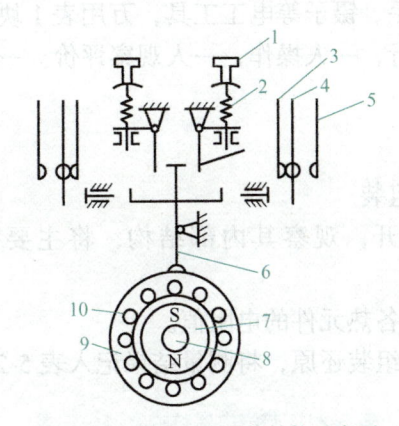

图 5-19　速度继电器的结构示意图

1—调节螺钉　2—反力弹簧　3—常闭触点　4—动触头　5—常开触点
6—返回杠杆　7—转子　8—转轴　9—定子　10—定子导体

当电动机旋转时，与电动机同轴连接的速度继电器转子随着旋转，永久磁铁旋转，使得定子中的绕组因切割磁力线而产生感应电动势和感应电流。通电绕组和旋转磁场相互作用产生电磁转矩，定子便随着转轴的旋转方向而转动。当定子转动达到一定的角度时，经返回杠杆作用使常闭触点断开，常开触点闭合。

当电动机转速下降时，速度继电器转子的速度也随之下降，于是定子绕组内的感应电流下降，从而使电磁转矩减小。当电磁转矩下降到小于反作用弹簧的反作用力矩时，定子返回到原来的位置，对应的触点恢复到原来的状态。

任务实施

一、任务分析

本任务主要训练热继电器和时间继电器的拆卸和组装方法,并能简单检测。通过训练,进一步理解热继电器和时间继电器的结构和工作原理。

本任务的学习内容见表 5-20。

表 5-20 学习内容

任务名称	继电器的拆装	学习时间	4学时
任务描述	训练热继电器和时间继电器的拆卸和组装方法,并能简单检测		

二、具体任务实施

1. 实施方法

根据任务分析,设计热继电器和时间继电器的拆卸和组装训练活动,按组配备钢丝钳、尖嘴钳、螺钉旋具、扳手、镊子等电工工具,万用表1块、热继电器1个、时间继电器1个。两人一组,分组进行,一人操作,一人观察评价。一轮操作完成后,交换角色重新进行。

2. 实操练习

(1)热继电器的拆卸和组装

1)把一个热继电器拆开,观察其内部结构,将主要零部件的名称及作用记入表 5-21 中。

2)用万用表电阻档测量各热元件的电阻值。

3)测量后,将热继电器组装还原,将测量结果记入表 5-21 中。

表 5-21 热继电器结构及测量记录

主要零部件	型号					
	极数					
	名称					
	作用					
热元件电阻 /Ω	L1 相					
	L2 相					
	L3 相					
整定电流调整值 /A						

(2)时间继电器的拆卸和组装

1)把一个空气阻尼式时间继电器拆开,观察其内部结构,将主要零部件的名称及作用记入表 5-22 中。

2）用万用表电阻档测量线圈的电阻值。

3）将各类触点的数量、种类等数据结果记入表 5-22 中。

4）测量后，将这个时间继电器组装还原。

表 5-22　空气阻尼式时间继电器结构及测量记录

主要零部件	型号					
	极数					
	名称					
	作用					
触点数	常闭触点 / 副					
	常开触点 / 副					
	瞬时触点 / 副					
	延时触点 / 副					
	延时闭合触点 / 副					
	延时断开触点 / 副					

三、任务评价

评分标准见表 5-23。

表 5-23　评分标准

考核内容	配分	评分标准	扣分	得分
热继电器的拆装	50 分	操作不当，每次扣 10 分		
时间继电器的拆装	50 分	操作不当，每次扣 10 分		
工时	开始时间	结束时间		

注：违反安全文明生产规定实施倒扣分，每违反一次扣 20 分。

课后练习

1. 电磁继电器分为几大类？各类继电器的选用原则是什么？
2. 简述热继电器的主要构造和工作原理。
3. 热继电器的主要技术参数有哪些？
4. 热继电器的选用原则是什么？
5. 简述热继电器的常见故障分析。
6. 简述时间继电器的主要构造和工作原理。
7. 如何选用时间继电器？
8. 简述速度继电器的主要构造和工作原理。

任务五　熔断器的拆装

学习目标

※ **知识目标**
熟悉熔断器的基本结构，了解各组成部分的作用。

※ **技能目标**
会拆卸和组装熔断器，并能简单检测。

※ **素质目标**
通过熔断器的拆卸和组装，并能简单检测，培养学习兴趣，提升专业情感。

知识准备

熔断器是常用的短路保护电器，主要任务是为电路作过载与短路保护，也适合用作设备和电器的保护。

熔断器的拆装

一、熔断器的结构

熔断器主要包括熔体和熔座两部分。

二、熔断器分类

常用的低压熔断器有瓷插式、螺旋式、无填料封闭管式、有填料封闭管式等几种。

1. 瓷插式熔断器

瓷插式熔断器主要用于380V三相电路和220V单相电路作短路保护，其外形和结构如图5-20所示。

瓷插式熔断器主要由瓷座、瓷盖、静触头、动触头、熔丝等组成，瓷座中部有一个空腔，与瓷盖的凸出部分组成灭弧室。

2. 螺旋式熔断器

螺旋式熔断器用于交流380V、电流200A以内的电路和用电设备作短路保护，其外形和结构如图5-21所示。螺旋式熔断器主要由瓷帽、熔断管、瓷套、上（下）接线端及底座等组成。熔芯内除装有熔丝外，还填有灭弧的石英砂。

a) 外形　　b) 结构

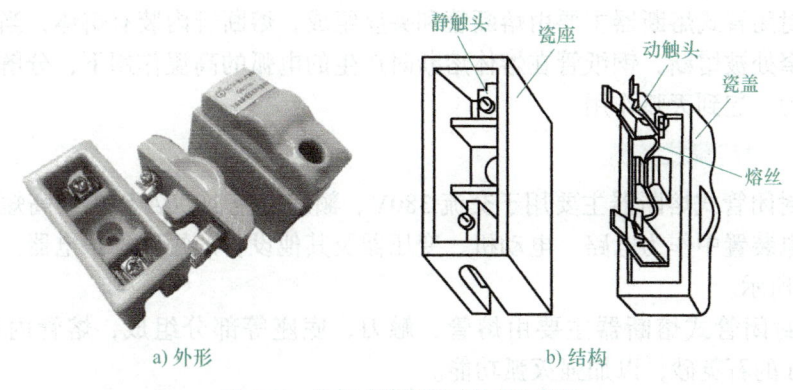

图 5-20　瓷插式熔断器的外形和结构

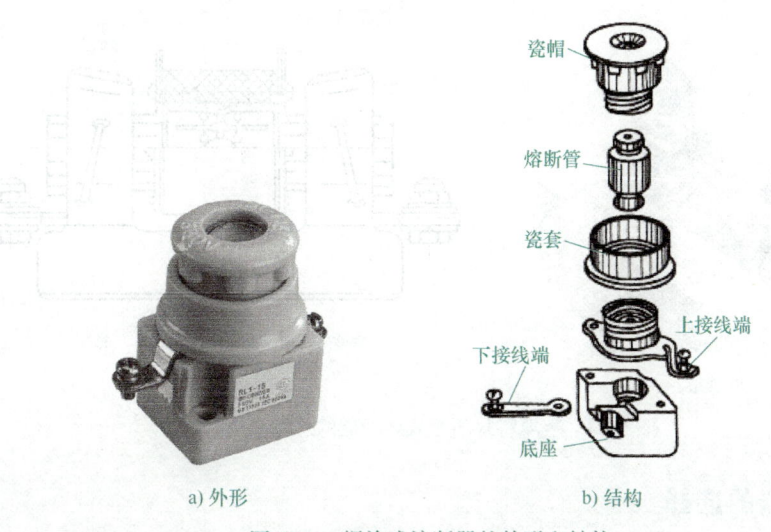

a) 外形　　b) 结构

图 5-21　螺旋式熔断器的外形和结构

3. 无填料封闭管式熔断器

无填料封闭管式熔断器用于交流 380V、额定电流 1000A 以内的低压电路及成套配电设备作短路保护，其外形和结构如图 5-22 所示。

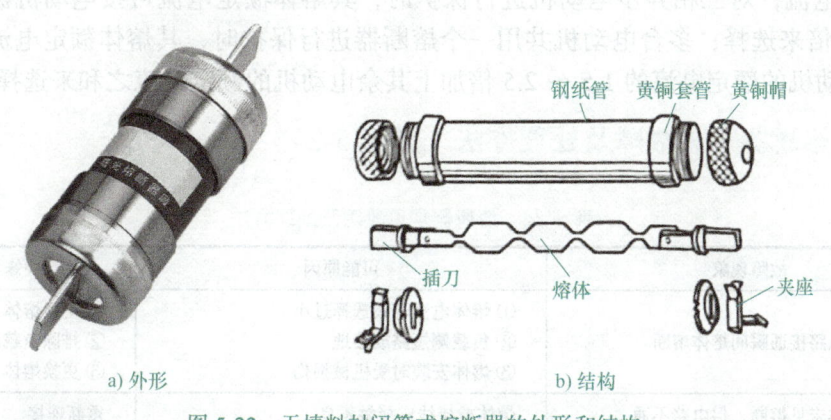

a) 外形　　b) 结构

图 5-22　无填料封闭管式熔断器的外形和结构

无填料封闭管式熔断器主要由熔断管和夹座组成，熔断管内装有熔体，当大电流通过时，熔体狭窄处被熔断，钢纸管在熔体熔断时产生的电弧的高温作用下，分解出大量气体增大管内压力，起到灭弧作用。

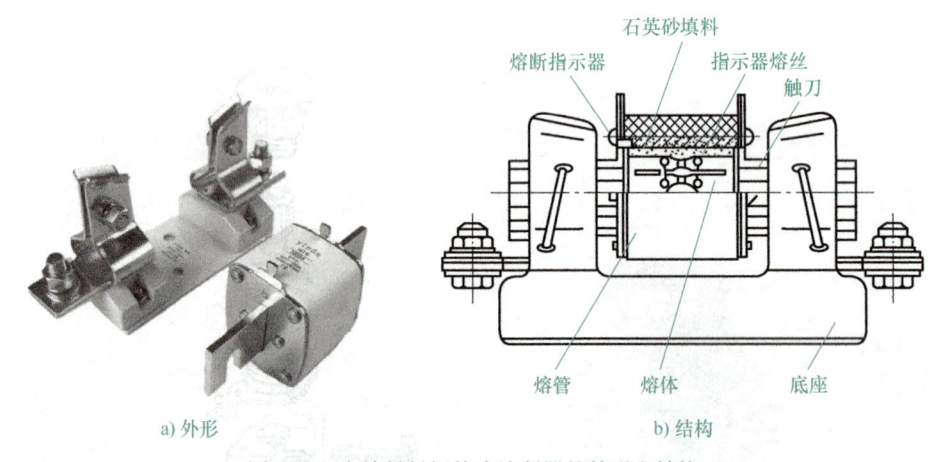

4. 有填料封闭管式熔断器

有填料封闭管式熔断器主要用于交流 380V、额定电流 1000A 以内的高短路电流的电力网络和配电装置中作为电路、电动机、变压器及其他设备的短路保护电器。其外形和结构如图 5-23 所示。

有填料封闭管式熔断器主要由熔管、触刀、底座等部分组成，熔管内填满直径为 0.5～1.0mm 的石英砂，以加强灭弧功能。

a) 外形　　b) 结构

图 5-23　有填料封闭管式熔断器的外形和结构

三、熔断器的选择

1）根据电气控制系统的电路要求、使用场合和安装条件等选择熔断器的类型。

2）熔断器的额定电压应根据所保护电路的电压来选择，应不小于电路的工作电压。

3）熔断器的额定电流应大于或等于所装熔体的额定电流，熔体电流的选择是熔断器选择的核心。对照明电路等无冲击电流负载进行保护时，其熔体额定电流应等于或稍大于电路工作电流；对三相异步电动机进行保护时，其熔体额定电流可按电动机额定电流的 1.5～2.5 倍来选择；多台电动机共用一个熔断器进行保护时，其熔体额定电流可按容量最大的电动机的额定电流的 1.5～2.5 倍加上其余电动机的额定电流之和来选择。

四、熔断器常见故障及处理方法（见表 5-24）

表 5-24　熔断器常见故障及处理方法

故障现象	可能原因	检修方法
电路接通瞬间熔体熔断	① 熔体电流等级选择过小 ② 负载侧短路或接地 ③ 熔体安装时受机械损伤	① 更换熔体 ② 排除负载故障 ③ 更换熔体
熔体未见熔断，但电路不通	熔体或接线座接触不良	重新连接

任务实施

一、任务分析

熔断器的种类和型号众多,外形与使用方法也各异,本任务选取生产生活中能获取的常见的熔断器类型和型号,主要训练熔断器的拆卸和组装方法,并进行简单检测。

本任务的学习内容见表 5-25。

表 5-25 学习内容

任务名称	熔断器的拆装	学习时间	2 学时
任务描述	训练熔断器的拆卸和组装方法,学会用万用表检测熔断器		

二、具体任务实施

1. 实施方法

根据任务分析,设计熔断器的拆卸和组装训练活动,分组配备钢丝钳、尖嘴钳、螺钉旋具、扳手、镊子等电工工具,以及万用表 1 块、熔断器若干个。两人一组,相互合作,一人操作,一人观察评价。一轮操作完成后,互换角色,重新进行。

2. 实操练习

1)把一个熔断器拆开,观察其内部结构,将拆卸步骤、主要零部件的名称及作用记入表 5-26 中。

2)用万用表电阻档测量熔体的电阻值。

3)将测量结果记入表 5-26 中。

4)测量后,将这个熔断器组装还原。

表 5-26 熔断器的拆卸与检测记录

熔断器	观测	内容	拆卸步骤	主要零部件	
				作用	名称
熔断器 1	型号				
	容量 /A				
	类型				
	熔体电阻 /Ω				
熔断器 2	型号				
	容量 /A				
	类型				
	熔体电阻 /Ω				

(续)

熔断器	观测	内容	拆卸步骤	主要零部件	
				作用	名称
熔断器 3	型号				
	容量 /A				
	类型				
	熔体电阻 /Ω				
熔断器 4	型号				
	容量 /A				
	类型				
	熔体电阻 /Ω				

三、任务评价

评分标准见表 5-27。

表 5-27 评分标准

考核内容	配分	评分标准	扣分	得分
熔断器 1 的拆卸和组装	25 分	操作不当或错误，每次扣 10 分		
熔断器 2 的拆卸和组装	25 分	操作不当或错误，每次扣 10 分		
熔断器 3 的拆卸和组装	25 分	操作不当或错误，每次扣 10 分		
熔断器 4 的拆卸和组装	25 分	操作不当或错误，每次扣 10 分		
工时	开始时间	结束时间		

注：违反安全文明生产规定实施倒扣分，每违反一次扣 20 分。

课后练习

1. 熔断器分为哪几类？简述各类熔断器的基本结构及各部分的作用。
2. 简述熔断器的选用原则。
3. 简述熔断器的常见故障及处理方法。

项目六　三相异步电动机控制电路的安装与调试

任务一　三相异步电动机点动控制电路的安装与调试

学习目标

※ **知识目标**

进一步熟悉常用低压电器的结构、原理和作用，掌握常用电工工具的使用方法。

熟悉三相异步电动机点动控制电路的工作原理。

※ **技能目标**

掌握三相异步电动机点动控制电路的接线方法。

掌握三相异步电动机点动控制电路的调试及故障排除的基本技能。

※ **素质目标**

通过三相异步电动机点动控制电路的安装与调试，提高专业素质、安全意识、质量意识和团队意识。

知识准备

> 三相异步电动机点动控制电路工作原理

一、工作原理

三相异步电动机点动控制电路工作原理主要涉及控制电路和主电路的相互作用。三相异步电动机点动控制电路如图 6-1 所示。

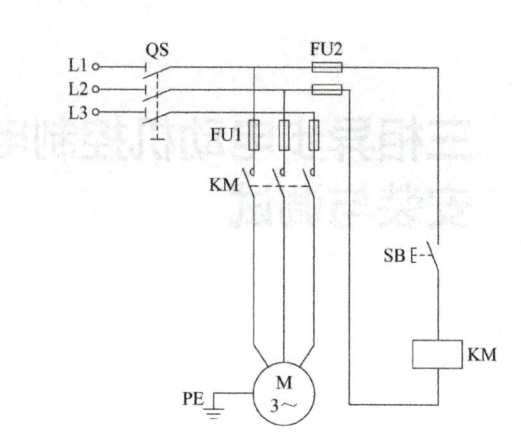

图 6-1 三相异步电动机点动控制电路

1. 控制电路

控制电路包括起动按钮（SB）、接触器线圈（KM）和熔断器（FU1 和 FU2）。起动按钮用于控制接触器线圈，使其得电或失电。接触器线圈得电时，其主触点闭合，从而接通主电路，使电动机起动。接触器线圈失电时，其主触点断开，电动机停止运转。熔断器用于短路保护，确保电路安全。

2. 主电路

主电路包括电源开关（QS）、电动机（M）和接触器主触点（KM）。电源开关用于隔离电源，确保电路安全。电动机的起动和停止由控制电路中的接触器控制。

总的来说，电动机的点动控制是一种简单的控制方式，主要用于需要频繁起停的场合，如起重机等。

二、电气接线图的绘制要求

1）电源开关、熔断器、接触器、热继电器等画在配电板内部，电动机、按钮画在配电板外部。

2）布置配电板上的电气元件时，应根据配线合理、操作方便，确保电气元件间隙符合要求，按重的元件放在下部、发热元件放在上部等原则进行，元件所占面积按尺寸以统一比例绘制。

3）电气接线图中各电气元件的图形符号和文字符号应和原理图完全一致，并符合国家标准。

4）各电气元件上凡是需要接线的端子都应绘出并予以编号，各接线端子的编号必须与原理图中的导线编号相一致。

5）配电板内电气元件之间的连线可以互相对接，接至配电板外的连线通过接线端子进行，配电板上有几个接至外电路的引线，端子板上就应有几个线的接点。

6）若配电电路连线太多，走向相同的相邻导线可以绘成一股线。

三、控制电路的接线要求

1）安装时，电气元件必须排列整齐、合理，并牢固安装在配电板上。

2）主电路和控制电路要分类集中贴板；走线应横平竖直、直角拐弯、不交叉、不架空（主电路接触器间可架空接线）。

3）接点要求牢靠、不能松线、不能压绝缘层；不反圈（顺时针方向）、不露铜、不三线压一点等。

四、检测与调试

检查接线无误后，接通交流电源，闭合开关 QS，此时电动机不转，按下按钮 SB，电动机即可起动，松开按钮，电动机立即停转，若出现电动机不能点动控制或熔丝熔断等故障，则应断开电源，分析排除故障后使之正常工作。

任务实施

一、任务分析

三相异步电动机点动控制电路是最简单的三相异步电动机控制电路，所以相应的安装与调试也是最简单的。通过本任务的训练，初步熟悉电气接线图的基本绘制方法及基本控制电路的正确接线。

本任务的学习内容见表 6-1。

表 6-1 学习内容

任务名称	三相异步电动机点动控制电路的安装与调试	学习时间	4 学时
任务描述	根据电气原理图绘制电气接线图，并正确接线		

二、具体任务实施

1. 实施方法

根据任务分析，依据电气原理图，一人一板进行接线练习。接线完成后各自检查排故，然后组内交换进行检查。

2. 实操练习

（1）绘制电气接线图

1）熟悉电路工作原理。分组讨论图 6-1 所示电路的工作原理，各组派代表分析，最后由教师评析总结。

2）列出电气元件明细表。分组布置任务，熟悉各电气元件的结构形式、安装方法及安装尺寸，根据主电路与控制电路工作原理讨论决定安装顺序及位置，最后由教师评析总结。

3）绘制电气接线图。分组合作绘制电气布置图、电气接线图的草图，经过教师检查指导，绘制出正式的电气布置图和电气接线图。

（2）接线练习

1）元件安装。按电气布置图要求正确、熟练地布置和安装元件，元件在配电板上布置要合理、整齐、匀称，安装要准确、紧固。
  2) 布线。
  ① 配线要求紧固、美观，导线要进入线槽。
  ② 按电气接线图接线，保证电动机运行正常。
  ③ 接点不能松动，露铜不能过长。
  ④ 按照先低后高的原则，先连接底层端子，后连接上层端子。
  3) 检查并通电试验。
  ① 安装接线完毕，根据电气原理图进行自我检查，然后组内互查。
  ② 在确保无误的情况下，向教师申请通电试验。

三、任务评价

评分标准见表 6-2。

表 6-2　评分标准

考核内容	配分	评分标准	扣分	得分
元件安装	20 分	① 元件布置不整齐、不匀称、不合理，每件扣 2 分 ② 损坏元件，每件扣 5 分		
布线	30 分	① 不按电气原理图接线，每处扣 10 分 ② 布线不进入线槽，每根扣 2 分 ③ 接点松动，露铜过长、遗漏，每处扣 2 分		
通电试验	50 分	① 主电路和控制电路配错熔体，每个扣 10 分 ② 一次试车不成功扣 30 分，二次试车不成功扣 50 分，乱线敷设扣 50 分		
工时		开始时间　　　　　　　　　　　　　　结束时间		

注：违反安全文明生产规定实施倒扣分，每违反一次扣 20 分。

课后练习

1. 简述绘制电气接线图的要求。
2. 简述三相异步电动机点动控制电路的接线要求。

任务二　三相异步电动机接触器自锁控制电路的安装与调试

学习目标

※ 知识目标

进一步熟悉常用低压电器的结构、原理和作用，掌握常用电工工具的使用方法。

项目六　三相异步电动机控制电路的安装与调试

熟悉三相异步电动机接触器自锁控制电路的工作原理。

※ 技能目标

掌握三相异步电动机接触器自锁控制电路的接线方法。

掌握三相异步电动机接触器自锁控制电路的调试及故障排除的基本技能。

※ 素质目标

通过三相异步电动机接触器自锁控制电路的安装与调试，提高专业素质、安全意识，质量意识和团队意识。

知识准备

三相异步电动机接触器自锁控制电路如图 6-2 所示。

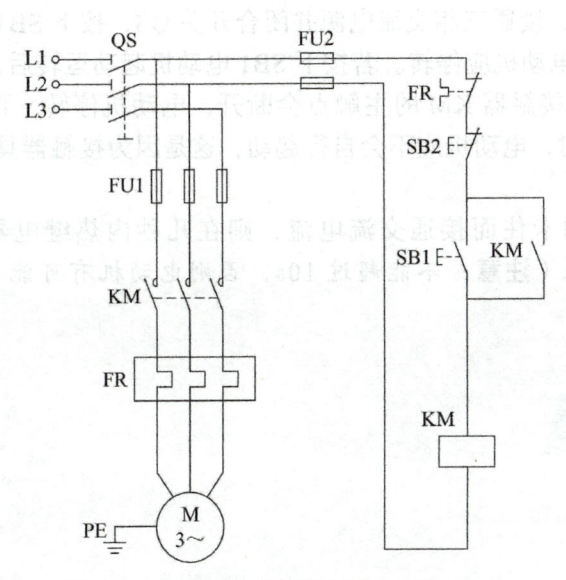

图 6-2　三相异步电动机接触器自锁控制电路

一、低压电器的作用

1）组合开关 QS：电源隔离开关。
2）热继电器 FR：电路的过载保护。
3）熔断器 FU1、FU2：短路保护。
4）起动按钮 SB1：控制接触器 KM 线圈得电。
5）接触器 KM 的主触点：控制电动机 M 的起动和停止。
6）接触器 KM 的辅助常开触点：实现自锁功能。

109

7）停止按钮 SB2：控制接触器 KM 线圈失电。

二、工作原理

三相异步电动机接触器自锁控制电路与点动控制电路的不同之处在于，控制电路中增加了停止按钮 SB2，在起动按钮 SB1 的两端并联一个接触器 KM 的辅助常开触点。

电路的动作过程：当按下起动按钮 SB1 时，KM 线圈得电，主触点闭合，电动机 M 起动。当松开按钮时，电动机 M 不会停转，因为这时接触器 KM 线圈可以通过并联在 SB1 两端已闭合的 KM 辅助触点继续维持通电，保证 KM 主触点仍处在接通状态，电动机 M 就不会失电，也就不会停转。这种松开按钮而仍能保持线圈得电的控制电路称为具有自锁（或自保）的接触器控制电路，简称自锁控制电路。与 SB1 并联的 KM 辅助常开触点称为自锁触点。

> 三相异步电动机接触器自锁控制电路工作原理

三、检测与调试

确认接线正确后，接通三相交流电源并闭合开关 QS，按下 SB1，电动机应起动并连续转动，按下 SB2，电动机应停转。若按下 SB1 电动机起动运转后，电源电压降到 320V 以下或电源断电，则接触器 KM 的主触点会断开，电动机停转。再次恢复电压为 380V（允许 ±10% 波动）时，电动机应不会自行起动，这是因为接触器具有欠电压或失电压保护功能。

如果电动机转轴卡住而接通交流电流，则在几秒内热继电器应动作，断开加在电动机上的交流电源（**注意：不能超过 10s，否则电动机有可能因过热会冒烟，导致损坏**）。

任务实施

一、任务分析

三相异步电动机接触器自锁控制电路的安装与调试是在三相异步电动机点动控制电路的安装与调试的基础上进行的。只是电路变得复杂了一些，相应的安装任务重了一些，调试起来难了一些。但原则是一样的，规范不能丢。首先分析电气原理图，按照安装工艺的基本要求接线，检测无误后通电试车。

本任务的学习内容见表 6-3。

表 6-3 学习内容

任务名称	三相异步电动机接触器自锁控制电路的安装与调试	学习时间	3 学时
任务描述	依照电气原理图布板接线，掌握电路的安装工艺		

二、具体任务实施

1. 实施方法

根据任务分析，依据电气原理图，一人一板进行接线练习。接线完成后各自检查排故，然后组内交换进行检查。

2. 实操练习

（1）了解安装工艺的基本要求和注意事项

1）安装工艺的基本要求。

① 布线通道尽可能少，同路并行导线按主电路和控制电路分类集中，单层密排，紧贴安装面布线。

② 同一平面的导线应高低一致或前后一致，不能交叉。

③ 布线应横平竖直、分布均匀。

④ 布线时禁止损伤线芯和导线绝缘层。

⑤ 布线顺序一般以接触器为中心，由里向外、由低到高，先控制电路，后主电路。

⑥ 导线的两端应套上编码套管。

⑦ 导线与接线端子（或接线桩）连接时，不得压绝缘层，不反圈及不露铜过长。

⑧ 同一元件、同一回路、不同接点的导线间距应保持一致。

⑨ 一个电气元件接线端子上的连接导线不得多于两根，每节接线端子板上的连接导线一般只允许连接一根。

2）注意事项。

① 电动机及按钮的金属外壳必须可靠接地。

② 电源进线应该接在螺旋式熔断器的下接线端上，出线则应接在上接线端上。

③ 按钮内接线上，用力不可过猛，以防止螺钉打滑。

④ 要认真听取和仔细观察指导教师在示范过程中的讲解和检修操作。

⑤ 要熟练掌握电路图中各个环节的作用。

⑥ 在排除故障过程中，故障分析的思路和方法要正确。

⑦ 工具和仪表使用要正确。

⑧ 带电检修故障时，必须有指导教师在现场监护，并要确保安全用电。

（2）熟悉并安装电路

1）识读图 6-2 所示的电路，明确电路所用电气元件及作用，熟悉三相异步电动机接触器自锁控制电路的工作原理，并绘制出电气布置图和电气接线图。

2）对该电路所用到的电气元件核对并校验。检查相关触点是否通断正常，接触器线圈电阻大小是否正常。

3）在配电板上按电气布置图安装电气元件。根据配电板的尺寸，合理安排电气元件的位置。

4）按工艺要求，对照电气接线图接线。

5）接线完成后，按电气接线图检查配电板布线的正确性。用测量电阻的方法，检测触点通断对主电路和控制电路的影响是否正常。

6）检查无误后，接通电源。按下 SB1，观察电动机是否得电起动，再按下 SB2，观察电动机是否失电停转。

7）通电成功后，拆除电源线。

三、任务评价

评分标准见表 6-4。

表 6-4　评分标准

考核内容	配分	评分标准	扣分	得分
元件安装	20 分	① 元件布置不整齐、不匀称、不合理，每件扣 2 分 ② 损坏元件，每件扣 5 分		
布线	30 分	① 不按电气接线图接线，每处扣 10 分 ② 布线不进入线槽，每根扣 2 分 ③ 接点松动、露铜过长、遗漏，每处扣 2 分		
通电试验	50 分	① 主电路和控制电路配错熔体，每个扣 10 分 ② 一次试车不成功扣 30 分，二次试车不成功扣 50 分，乱线敷设扣 50 分		
工时		开始时间　　　　　　　　　　　结束时间		

注：违反安全文明生产规定实施倒扣分，每违反一次扣 20 分。

课后练习

1. 简述三相异步电动机接触器自锁控制电路各低压电器及其作用。
2. 简述三相异步电动机接触器自锁控制电路的工作原理。
3. 安装三相异步电动机接触器自锁控制电路后如何检测与调试？

任务三　三相异步电动机接触器联锁正反转控制电路的安装与调试

学习目标

※ **知识目标**

进一步熟悉常用低压电器的结构、原理和作用，掌握常用电工工具的使用方法。

熟悉三相异步电动机接触器联锁正反转控制电路的工作原理。

※ **技能目标**

掌握三相异步电动机接触器联锁正反转控制电路的接线方法。

项目六　三相异步电动机控制电路的安装与调试

　　掌握三相异步电动机接触器联锁正反转控制电路的调试及故障排除的基本技能。

※ **素质目标**

　　通过三相异步电动机接触器联锁正反转控制电路的安装与调试，提高专业素质、安全意识、质量意识和团队意识。

知识准备

三相异步电动机接触器联锁正反转控制电路如图 6-3 所示。

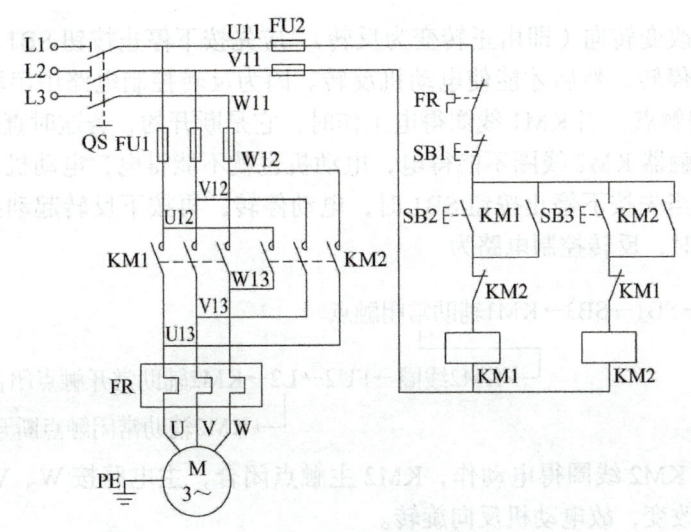

图 6-3　三相异步电动机接触器联锁正反转控制电路

一、低压电器的作用

1）组合开关 QS：电源隔离开关。
2）热继电器 FR：过载保护。
3）熔断器 FU1、FU2：短路保护。
4）正转起动按钮 SB2：控制接触器 KM1 线圈得电、失电。
5）反转起动按钮 SB3：控制接触器 KM2 线圈得电、失电。
6）停止按钮 SB1：控制电路的停止。
7）接触器 KM1、KM2 主触点：控制电动机 M 的正转和反转。
8）接触器 KM1、KM2 辅助常闭触点：实现联锁功能。
9）接触器 KM1、KM2 辅助常开触点：实现自锁功能。

二、工作原理

1. 正转控制

合上电源开关 QS，按下正转起动按钮 SB2，正转控制电路接通：接触器 KM1 的线圈得电动作，KM1 主触点闭合，主电路按 U、V、W 相序接通，电动机正转。这时，控制线路为

L1→FU2→FR→SB1→SB2→KM2辅助常闭触点
　　　　　　　　　　　└→KM1线圈→FU2→L2→KM1辅助常开触点闭合，自锁
　　　　　　　　　　　　　　　　　　　　└→KM1辅助常闭触点断开，对KM2联锁

2. 反转控制

要使电动机改变转向（即由正转变为反转），应先按下停止按钮 SB1，使正转控制电路断开，电动机停转，然后才能使电动机反转。因为反转控制电路中串联了正转接触器 KM1 的辅助常闭触点。当 KM1 线圈得电工作时，它是断开的，若这时直接按反转起动按钮 SB3，反转接触器 KM2 线圈不能得电，电动机也就不能得电，电动机仍然处在正转状态，不会反转。当先按下停止按钮 SB1 时，电动停转，再按下反转起动按钮 SB3，电动机才会反转。这时，反转控制电路为

L1→FU2→FR→SB1→SB3→KM1辅助常闭触点
　　　　　　　　　　　└→KM2线圈→FU2→L2→KM2辅助常开触点闭合，自锁
　　　　　　　　　　　　　　　　　　　　└→KM2辅助常闭触点断开，对KM1联锁

反转接触器 KM2 线圈得电动作，KM2 主触点闭合，主电路按 W、V、U 相序接通，电动机电源相序改变，故电动机反向旋转。

三、检测与调试

仔细检查确认接线无误后，接通交流电源，若不能正常工作，则应分析并排除故障，使电路正常工作。

任务实施

一、任务分析

通过本任务，掌握三相异步电动机接触器联锁正反转控制电路的工作原理及安装与调试方法。首先分析电气原理图，按照安装工艺的基本要求接线，检测无误后通电试车。

本任务的学习内容见表 6-5。

表 6-5　学习内容

任务名称	三相异步电动机接触器联锁正反转控制电路的安装与调试	学习时间	3 学时
任务描述	依照电气原理图布板接线，掌握电路的安装工艺		

二、具体任务实施

1. 实施方法

根据任务分析，依据电气原理图，一人一板进行接线练习。接线完成后各自检查排故，然后组内交换进行检查。

2. 实操练习

（1）了解安装工艺的基本要求及注意事项

1）安装工艺的基本要求。详见项目六任务二的安装工艺基本要求。

2）注意事项。

除要注意项目六任务二所强调的相关注意点，还要特别注意以下三点：

① 联锁触点不能接错，检查时要特别当心。KM1 线圈串联的是 KM2 的辅助常闭触点，KM2 线圈串联的是 KM1 的辅助常闭触点。切不可接反，一旦接反，则通电试车时就会发生电源相间短路现象。

② 主电路任意两相颠倒。KM1、KM2 主触点的电源端自左向右接 U12、V12 和 W12，KM1 主触点负载端自左向右接的是 U13、V13 和 W13，KM2 主触点的负载端自左向右接的却是 W13、V13 和 U13。如果不倒相，则电动机就不可能反转。

③ 若主电路任意两相颠倒了，电动机却不能反转，则可能是反转主电路缺相或某一相接触不良所致。

（2）熟悉并安装电路

1）识读图 6-3 所示的电路，明确相关元件及作用，特别是 KM1、KM2 辅助常闭触点的联锁作用，熟悉电路的正反转原理，并绘制出电气布置图和电气接线图。

2）对三相异步电动机接触器联锁正反转控制电路所用到的电气元件核对并校验，特别是两只交流接触器的额定电压是否一致。

3）在配电板上按电气布置图安装电气元件，注意区分交流接触器主触点的电源端与负载端，不能接反。

4）按工艺要求，对照电气接线图接线，要注意主电路的倒相与控制电路的联锁。

5）接线完成后，按电气接线图检查配电板布线的正确性，重点检查主电路的倒相与控制电路的联锁。

6）检查无误后，接通电源，按下 SB2，观察电动机是否正常起动，按下 SB1，观察电动机是否能失电停转，按下 SB3，观察电动机是否反向起动，此时按下 SB2，观察电路是否没有反应，再按下 SB1，观察电动机是否又失电停转。

7）通电成功后，拆除电源线。

三、任务评价

评分标准见表 6-6。

电工基本技能

表 6-6　评分标准

考核内容	配分	评分标准	扣分	得分
元件安装	20分	① 元件布置不整齐、不匀称、不合理，每件扣2分 ② 损坏元件，每件扣5分		
布线	30分	① 不按电气接线图接线，每处扣10分 ② 布线不进入线槽，每根扣2分 ③ 接点松动、露铜过长、遗漏，每处扣2分		
通电试验	50分	① 主电路和控制电路配错熔体，每个扣10分 ② 一次试车不成功扣30分，二次试车不成功扣50分，乱线敷设扣50分		
工时		开始时间	结束时间	

注：违反安全文明生产规定实施倒扣分，每违反一次扣20分。

课后练习

1. 简述三相异步电动机接触器联锁正反转控制电路各低压电器及其作用。
2. 简述三相异步电动机接触器联锁正反转控制电路的工作原理。
3. 安装三相异步电动机接触器联锁正反转控制电路后如何检测与调试？

任务四　三相异步电动机 Y-△ 减压起动控制电路的安装与调试

学习目标

※ **知识目标**

进一步熟悉常用低压电器的结构、原理和作用，常用电工工具的使用方法。
熟悉三相异步电动机 Y-△ 减压起动控制电路的工作原理。

※ **技能目标**

掌握三相异步电动机 Y-△ 减压起动控制电路的接线方法。
掌握三相异步电动机 Y-△ 减压起动控制电路的调试及故障排除的基本技能。

※ **素质目标**

通过三相异步电动机 Y-△ 减压起动控制电路的安装与调试，提高专业素质、安全意识、质量意识和团队意识。

项目六　三相异步电动机控制电路的安装与调试

> **知识准备**

三相异步电动机丫-△减压起动控制电路如图 6-4 所示。

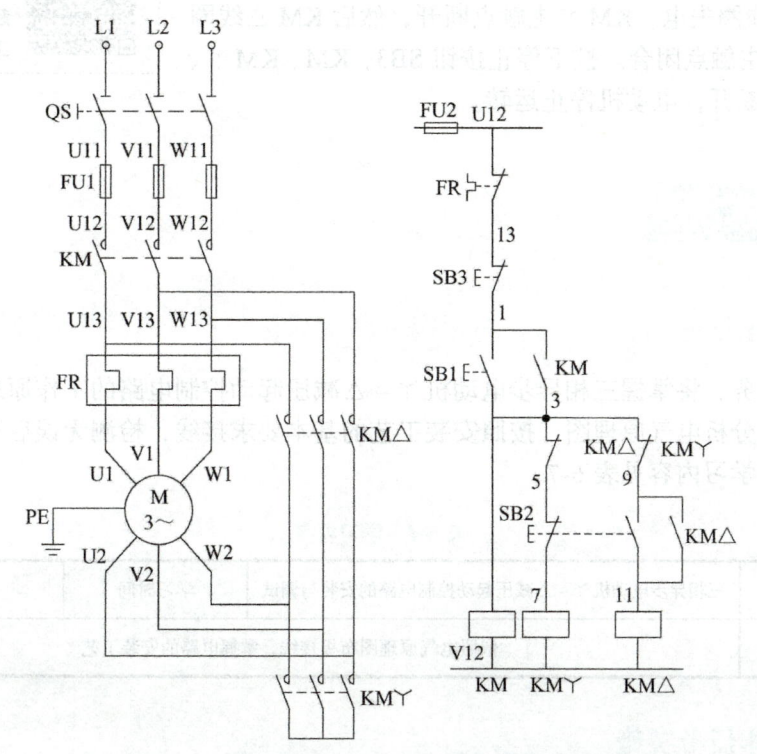

图 6-4　三相异步电动机 丫-△ 减压起动控制电路

一、丫-△减压起动的含义

丫-△减压起动是指电动机起动时，把定子绕组接成星形，以降低起动电压，限制起动电流。当电动机起动后，再把定子绕组接成三角形，使电动机全压运行。

二、低压电器的作用

1）组合开关 QS：电源隔离开关。
2）热继电器 FR：过载保护。
3）熔断器 FU1、FU2：短路保护。
4）丫起动按钮 SB1：控制接触器 KM 线圈和 KM丫线圈得电、失电。
5）△起动按钮 SB2：控制接触器 KM丫线圈和 KM△线圈得电、失电。
6）停止按钮 SB3：控制电路的停止。
7）接触器 KM丫、KM△主触点：控制电动机 M 的丫和△联结。

117

8）接触器 KM丫、KM△辅助常闭触点：实现联锁功能。
9）接触器 KM丫、KM△辅助常开触点：实现自锁功能。

三、工作原理

如图 6-4 所示，按下丫起动按钮 SB1，KM 主触点闭合，KM丫主触点闭合，电动机丫起动；然后按下△起动按钮 SB2，KM丫线圈失电，KM丫主触点断开，然后 KM△线圈得电，KM△主触点闭合。按下停止按钮 SB3，KM、KM丫、KM△主触点断开，电动机停止运转。

> 三相异步电动机丫-△减压起动控制电路工作原理

任务实施

一、任务分析

通过本任务，将掌握三相异步电动机丫-△减压起动控制电路的工作原理及安装与调试方法。首先分析电气原理图，按照安装工艺的基本要求接线，检测无误后通电试车。

本任务的学习内容见表 6-7。

表 6-7　学习内容

任务名称	三相异步电动机丫-△减压起动控制电路的安装与调试	学习时间	3 学时
任务描述	依照电气原理图布板接线，掌握电路的安装工艺		

二、具体任务实施

1. 实施方法

根据任务分析，依据电气原理图，一人一板进行接线练习。接线完成后各自进行检查排故，然后组内交换进行检查。

2. 实操练习

（1）了解安装工艺的基本要求及注意事项

1）安装工艺的基本要求。详见项目六任务二的安装工艺基本要求。

2）注意事项。

除要注意本项目任务二所强调的相关注意点，还要特别注意以下几点：

① 用丫-△减压起动控制的电动机，必须有 6 个出线端子，且定子绕组在△联结时的额定电压等于三相电源的线电压。

② 接线时要保证电动机△联结的正确性，即保证 U1、V1、W1 与 U2、V2、W3 通过 KM△的连接关系。

③ 接触器 KM丫的进线必须从三相定子绕组的末端引入。

④ 控制电路中，KM△和KM丫必须联锁，这是电路安装时必须注意的重点，也是电路检测时必须重点检测的内容。

（2）熟悉并安装电路

1）识读图6-4所示的电路，明确相关元件及作用，特别是KM、KM△和KM丫的作用，并绘制出电气布置图和电气接线图。

2）对三相异步电动机丫-△减压起动控制电路所用到的元件核对并校验，注意三只交流接触器线圈的额定电压要一致。

3）在配电板上按电气布置图安装电气元件。三只接触器的连接关系较为复杂，热继电器与接触器之间要留有足够的走线空间。

4）按工艺要求，对照电气接线图接线。特别要注意KM、KM△和KM丫的连接关系，以及辅助常闭触点的连接。

5）接线完成后，按电气接线图检查配电板布线的正确性。重点检查KM、KM△和KM丫的连接关系，以及辅助常闭触点的联锁作用。

6）检查无误后，接通电源。首先按下SB1，观察KM和KM丫主触点是否吸合，电动机是否起动。按下SB2，观察KM主触点是否保持吸合，KM丫主触点是否释放，KM△主触点是否吸合，电动机是否仍保持转动。以上情形按下SB3，观察电动机是否失电停转，接触器主触点全部释放。

7）通电成功后，拆除电源线。

三、任务评价

评分标准见表6-8。

表6-8 评分标准

考核内容	配分	评分标准	扣分	得分
元件安装	20分	① 元件布置不整齐、不匀称、不合理，每件扣2分 ② 损坏元件，每件扣5分		
布线	30分	① 不按电气接线图接线，每处扣10分 ② 布线不进入线槽，每根扣2分 ③ 接点松动，露铜过长、遗漏，每处扣2分		
通电试验	50分	① 主电路和控制电路配错熔体，每个扣10分 ② 一次试车不成功扣30分，二次试车不成功扣50分，乱线敷设扣50分		
工时		开始时间　　　　　　　　　结束时间		

注：违反安全文明生产规定实施倒扣分，每违反一次扣20分。

课后练习

1. 简述三相异步电动机丫-△减压起动控制电路各低压电器及其作用。
2. 简述三相异步电动机丫-△减压起动控制电路的工作原理。

3. 安装三相异步电动机丫 - △减压起动控制电路后如何检测与调试？

任务五　三相异步电动机顺序起动控制电路的安装与调试

学习目标

※ 知识目标

进一步熟悉常用低压电器的结构、原理和作用，常用电工工具的使用方法。
熟悉三相异步电动机顺序起动控制电路的工作原理。

※ 技能目标

掌握三相异步电动机顺序起动控制电路的接线方法。
掌握三相异步电动机顺序起动控制电路的调试及故障排除的基本技能。

※ 素质目标

通过三相异步电动机顺序起动控制电路的安装与调试，提高专业素质、安全意识、质量意识和团队意识。

知识准备

三相异步电动机顺序起动控制电路主电路如图 6-5 所示。

图 6-5　三相异步电动机顺序起动控制电路主电路

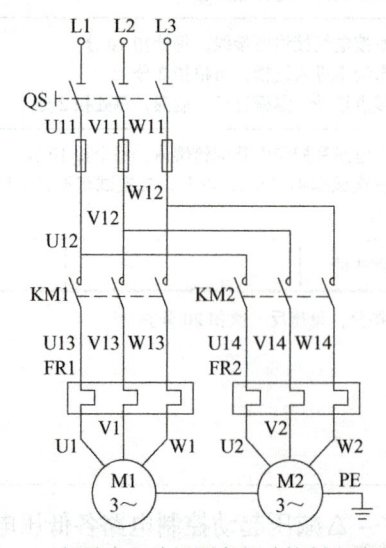

一、工作原理

1. 顺序起动控制电路 A

如图 6-6 所示，接触器 KM1 的辅助常开触点（6-7）串联在接触器 KM2 线圈的控制电路中，当按下 SB11 时，电动机 M1 起动运转，再按下 SB21，电动机 M2 才会起动运转；若要使 M2 电动机停止，则只要按下 SB22 即可；若要使 M1、M2 都停止，则只要按下 SB12 即可。

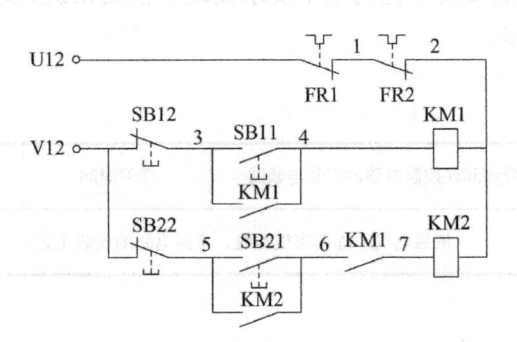

图 6-6　顺序起动控制电路 A

2. 顺序起动控制电路 B

如图 6-7 所示，起动顺序与前述相同，但停止是不同的。由于在停止按钮 SB12 两端并联着接触器 KM2 的辅助常开触点。所以，只有先使接触器 KM2 线圈失电，即电动机 M2 停止，同时 KM2 辅助常开触点断开，按下 SB12 才能达到断开接触器 KM1 线圈电源的目的，使电动机 M1 停止，这种顺序控制电路的特点是使两台电动机依次顺序起动，而逆序停止。

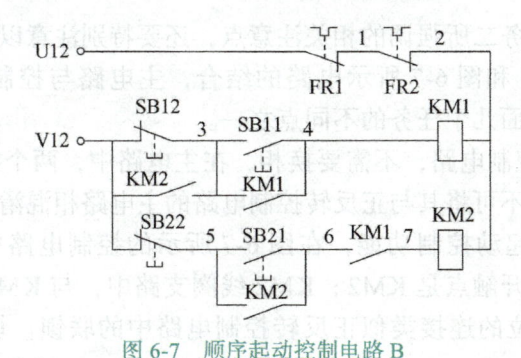

图 6-7　顺序起动控制电路 B

二、检测与调试

经检查安装接线无误后，操作者可自行通电试车，若出现故障，应分析排除后使之正常工作。

任务实施

一、任务分析

通过本任务，将掌握三相异步电动机顺序起动控制电路的工作原理及安装与调试方法。首先分析电气原理图，按照安装工艺的基本要求接线，检测无误后通电试车。

本任务的学习内容见表 6-9。

表 6-9 学习内容

任务名称	三相异步电动机顺序起动控制电路的安装与调试	学习时间	3 学时
任务描述	依照电气原理图布板接线，掌握电路的安装工艺		

二、具体任务实施

1. 实施方法

根据任务分析，依据电气原理图，一人一板进行接线练习。接线完成后各自检查排故，然后组内交换进行检查。

2. 实操练习

（1）了解安装工艺的基本要求和注意事项

1）安装工艺的基本要求。详见项目六任务二的安装工艺基本要求。

2）注意事项。

除要注意本项目任务二所强调的相关注意点，还要特别注意以下几点：

① 本任务是图 6-5 和图 6-7 所示电路的结合，主电路与控制电路分绘在两个电路图中，这是本任务与前面几个任务的不同点之一。

② 这是顺序起动控制电路，不需要换相，在主电路中，两个接触器主触点电源端相连，负载端不相连，切不可将其与正反转控制电路的主电路相混淆。

③ 为了实现顺序起动控制功能，在图 6-7 所示的控制电路中，KM1 线圈支路中，与 SB12 并联的辅助常开触点是 KM2；KM2 线圈支路中，与 KM2 线圈串联的辅助常开触点是 KM1。这种错位的连接类似正反转控制电路中的联锁，切不可将它们的错位关系接错。

（2）熟悉并安装电路

1）识读图 6-5 和图 6-7 所示的主电路和控制电路，明确电路所用的电气元件及作用，特别是与 SB12 并联的 KM2 辅助常开触点和与 KM2 线圈串联的 KM1 辅助常开触点的作用，熟悉三相异步电动机顺序起动控制电路的工作原理，并绘制出电气布置图和电气接线图。

2)对三相异步电动机顺序起动控制电路所用到的电气元件核对并校验,特别是 KM1、KM2 是否都配有两个辅助常开触点,且两个辅助常开触点是否都能正常工作。

3)在配电板上按电气布置图安装电气元件。注意该控制电路有两台电动机,要在输出端子排上安排相应输出端子。

4)按工艺要求,对照电气接线图接线。特别要注意两个辅助常开触点的连接。

5)接线完成后,按电气接线图检查配电板布线的正确性。重点检查实现顺序起动控制的两个辅助常开触点的连接。

6)检查无误后,接通电源。按下 SB21,观察电路是否没有反应。按下 SB11,观察电动机 M1 是否起动,再按下 SB21,观察电动机 M2 是否也起动。此时按下 SB12,观察电路是否没有反应,按下 SB22,观察电动机 M2 是否失电停转,再按下 SB12,观察电动机 M1 是否也失电停转。

7)通电成功后,拆除电源线。

三、任务评价

评分标准见表 6-10。

表 6-10 评分标准

考核内容	配分	评分标准	扣分	得分
元件安装	20 分	① 元件布置不整齐、不匀称、不合理,每件扣 2 分 ② 损坏元件,每件扣 5 分		
布线	30 分	① 不按电气接线图接线,每处扣 10 分 ② 布线不进入线槽,每根扣 2 分 ③ 接点松动、露铜过长、遗漏,每处扣 2 分		
通电试验	50 分	① 主电路、控制电路配错熔体,每个扣 10 分 ② 一次试车不成功扣 30 分,二次试车不成功扣 50 分,乱线敷设扣 50 分		
工时		开始时间	结束时间	

注:违反安全文明生产规定实施倒扣分,每违反一次扣 20 分。

课后练习

1. 简述三相异步电动机顺序起动控制电路各低压电器及其作用。
2. 简述三相异步电动机顺序起动控制电路的工作原理。
3. 安装三相异步电动机顺序起动控制电路后如何检测与调试?

电工基本技能

任务六　三相异步电动机多地控制电路的安装与调试

学习目标

※ 知识目标
进一步熟悉常用低压电器的结构、原理和作用，常用电工工具的使用方法。
熟悉三相异步电动机多地控制电路的工作原理。

※ 技能目标
掌握三相异步电动机多地控制电路的接线方法。
掌握三相异步电动机多地控制电路的调试及故障排除的基本技能。

※ 素质目标
通过三相异步电动机多地控制电路的安装与调试，提高专业素质、安全意识、质量意识和团队意识。

知识准备

一、工作原理

如图 6-8 所示，SB11 和 SB12 为甲地的起动和停止按钮；SB21 和 SB22 为乙地的起动和停止按钮。它们可以分别在两个不同地点上，并联一个常开触点，起起动作用，串联一个常闭触点，起停止作用，控制接触器 KM 主触点的接通和断开，进而实现两地控制同一电动机起停的目的。控制线路为

　　L2 → FR → SB11 → KM 辅助常开触点闭合，自锁→ KM 线圈通电→电动机起动

　　L2 → FR → SB12 → KM 辅助常开触点复位→ KM 线圈断电→电动机停止

三相异步电动机多地控制电路工作原理

二、检测与调试

仔细检查确认接线无误后，接通交流电源，若不能正常工作，则应分析并排除故障，使电路正常工作。

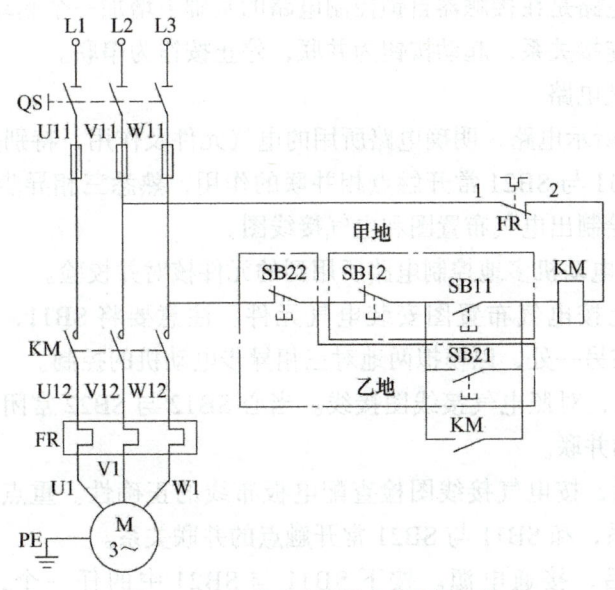

图 6-8 三相异步电动机多地控制电路

任务实施

一、任务分析

通过本任务,掌握三相异步电动机多地控制电路的工作原理及安装方法。首先分析电气原理图,按照安装工艺的基本要求接线,检测无误后通电试车。

本任务的学习内容见表 6-11。

表 6-11 学习内容

任务名称	三相异步电动机多地控制电路的安装与调试	学习时间	4学时
任务描述	依照电气原理图布板接线,掌握电路的安装工艺		

二、具体任务实施

1. 实施方法

根据任务分析,依据电气原理图,一人一板进行接线练习。接线完成后各自进行检查排故,然后组内交换进行检查。

2. 实操练习

(1)安装工艺的基本要求 详见项目六任务二的安装工艺基本要求。

125

（2）注意事项　除要注意本项目任务二所强调的相关注意点，还要特别注意：三相异步电动机多地控制电路是在接触器自锁控制电路的基础上增加一个起动按钮和一个停止按钮。要注意它们的连接关系，起动按钮为并联，停止按钮为串联。

（3）熟悉并安装电路

1）识读图 6-8 所示电路，明确电路所用的电气元件及作用，特别是 SB12 与 SB22 常闭触点相串联、SB11 与 SB21 常开触点相并联的作用，熟悉三相异步电动机多地控制电路的工作原理，并绘制出电气布置图和电气接线图。

2）对三相异步电动机多地控制电路所用到的元件核对并校验。

3）在配电板上按电气布置图安装电气元件。注意要将 SB11、SB12 安装在一处，SB21、SB22 安装在另一处，以模拟两地对三相异步电动机的控制。

4）按工艺要求，对照电气接线图接线。当心 SB12 与 SB22 常闭触点的串联、SB11 与 SB21 常开触点的并联。

5）接线完成后，按电气接线图检查配电板布线的正确性。重点检查 SB12 与 SB22 常闭触点的串联关系，和 SB11 与 SB21 常开触点的并联关系。

6）检查无误后，接通电源。按下 SB11 与 SB21 中的任一个，观察电动机是否都能正常起动。按下 SB12 与 SB22 中的任一个，观察起动后的电动机是否都会失电停转。

7）通电成功后，拆除电源线。

三、任务评价

评分标准见表 6-12。

表 6-12　评分标准

考核内容	配分	评分标准	扣分	得分
元件安装	20 分	① 元件布置不整齐、不匀称、不合理，每件扣 2 分 ② 损坏元件，每件扣 5 分		
布线	30 分	① 不按电气接线图接线，扣 10 分 ② 布线不进入线槽，每根扣 2 分 ③ 接点松动、露铜过长、遗漏，每处扣 2 分		
通电试验	50 分	① 主电路、控制电路配错熔体，每个扣 10 分 ② 一次试车不成功扣 30 分，二次试车不成功扣 50 分，乱线敷设扣 50 分		
工时		开始时间　　　　　　　　　　结束时间		

注：违反安全文明生产规定实施倒扣分，每违反一次扣 20 分。

课后练习

1. 简述三相异步电动机多地控制电路各低压电器及其作用。
2. 简述三相异步电动机多地控制电路的工作原理。
3. 安装三相异步电动机多地控制电路后如何检测与调试？

参考文献

[1] 人力资源和社会保障部教材办公室. 维修电工（初级）[M]. 2版. 北京：中国劳动社会保障出版社，2016.

[2] 人力资源和社会保障部教材办公室. 维修电工（中级）[M]. 2版. 北京：中国劳动社会保障出版社，2016.

[3] 人力资源和社会保障部教材办公室. 维修电工（高级）[M]. 2版. 北京：中国劳动社会保障出版社，2018.

[4] 王兰君，黄海平，邢军. 维修电工手册[M]. 北京：电子工业出版社，2016.

[5] 赵承荻，张蕾，王玺珍. 电气控制线路安装与维修[M]. 4版. 北京：高等教育出版社，2021.

[6] 赵红顺，莫莉萍. 电机与电气控制技术[M]. 2版. 北京：高等教育出版社，2024.

[7] 赵承荻，王玺珍. 维修电工考级项目训练教程[M]. 2版. 北京：高等教育出版社，2019.

[8] 梁珠芳，魏凌志. 电气安装与维修[M]. 北京：中国人民大学出版社，2022.